U0165834

畫說Evernote

ILLUSTRATED SCIENCE & TECHNOLOGY

數位記事本

管理生活大小事【第二版】

潘奕萍 著

書泉出版社 印行

作者序

「記事本」原是幫助我們提高工作效率的工具，它能協助我們記憶、幫助我們有條不紊地管理各種資訊；但傳統的記事本常讓人覺得它只是一個「堆放資料的倉庫」，而倉庫式的記事本無法協助我們快速的活用資料，只能被動地「保留」資料。

反觀Evernote則能夠主動分析資料，例如它會自動辨識圖片和PDF文件內的文字，以便日後查詢和其他利用，而全文朗讀功能也另闢了一條讀取的途徑。尤其是它的多媒體內容我們更不可小覷，因為以學習外文發音來說，多少頁的文字描述都不如一個音訊檔來得乾脆。

許多成功者不斷告訴我們作筆記的重要，同時也有愈來愈多人意識到了筆記能帶來多大的生產力和報酬，因此一個好的記事本絕對能讓我們如虎添翼。而Evernote正是一個廣受好評、使用人數眾多的軟體，它的特色在於跨平台，也就是不論透過電腦、瀏覽器或是手機都能夠讀寫，同時能夠接受的資料類型廣泛，不只是一般文件及語音、影片資料，它甚至能夠儲存應用程式。Evernote還提供了離線作業的功能，這表示在沒有網路的飛機上也能輕鬆編輯資料。

本書除了說明Evernote的一般用途之外，還介紹許多能與之搭配的各項軟硬體和雲端服務，這些雖然都是常見的工具，但是搭配Evernote之後卻能大大提升我們的表現。不論是上班族、SOHO族、研究者、學生，或是身為旅遊愛好者等族群都能獲得許多便利和益處。

由於入門Evernote並不需要任何花費，只要申請帳號就能享受各項卓越的服務，讓生活更安心、更有品質，甚至還能因此找出創業獲利之路，所以何不現在就開始認識Evernote呢？

潘奕萍
2014年春

目錄　　　　CONTENTS

作者序 ··· 1

第1章　Evernote**基本介紹**

1　形形色色的記事本 ·· 2

2　甚麼都記得住的Evernote ································ 4

3　跨平台的Evernote走到哪用到哪 ····················· 6

第2章　Evernote for Windows

4　全中文化的Evernote環境 ····························· 10

5　Evernote工具按鈕簡介 ································· 12

6　新增、刪除記事本及記事本堆疊 ··················· 14

7　開始撰寫新記事 ··· 16

8　拖放檔案及匯入資料夾 ································· 18

9　找回拿筆的感覺—新手寫記事 ····················· 20

10　新語音記事和新網路相機記事 ····················· 22

11　螢幕擷取和外部匯入 ··································· 24

12　管理記事資料 ··· 26

13　儲存附件和手寫記事 ··································· 28

14　聰明管理標籤 ··· 30

第3章　Evernote for Mac

15　認識Mac版Evernote環境 ····························· 34

16　記事本和記事本堆疊 ··································· 36

17	開始第一篇新記事	38
18	建立多媒體記事及螢幕擷取	40
19	最快速的方法—拖放檔案	42
20	多篇記事一次處理	44
21	建立「總目錄」記事	46

第4章 | 深入了解Evernote！

22	容量及偏好設定	50
23	Evernote Web Clipper擴充套件	52
24	把email變成記事	54
25	影像編輯和標註	56
26	一個都不能少！就靠備忘錄	58
27	超連結讓你要什麼有什麼	60
28	加密，讓記事更安全	62
29	與他人共享記事資料	64
30	共用記事本	66
31	與Google產生連結	68
32	同步頻率和衝突的變更	70
33	關鍵字與搜尋語法	72
34	Mac能搜尋得更仔細	74
35	儲存搜尋及文字取代	76
36	為記事建立捷徑	78
37	圖片裡的文字也可以辨識	80
38	PDF的文字辨識規則	82
39	時光機器—保留過去版本	84

第5章 | **行動篇—Android**

40 | Android環境和相關設定 · 88

41 | 認識編輯工具 · 90

42 | 建立和編輯新記事 · 92

43 | 開啓GPS標示和修改位置 · 94

44 | 太酷了！語音轉文字！ · 96

45 | 離線？照樣玩！ · 98

46 | 用Skitch掌握地圖資料 · 100

第6章 | **行動篇—iOS**

47 | 個人化的iOS環境 · 104

48 | 一支手機搞定開會大小事 · · · · · · · · · · · · · · · · · · · 106

49 | 補充位置、標籤資料及設定共用 · · · · · · · · · · · · · · 108

50 | 就算離線也沒關係 · 110

51 | 寓教於樂的Evernote Peek · · · · · · · · · · · · · · · · · · · 112

52 | 利用Penultimate盡情塗鴉 · · · · · · · · · · · · · · · · · · 114

第7章 | **讓它們跟Evernote一起工作！**

53 | 先注意有哪些限制 · 118

54 | 無干擾閱讀Evernote Clearly · · · · · · · · · · · · · · · · 120

55 | 懶得看？用聽的！ · 122

56 | 絕對好用！Skitch圖像處理 · · · · · · · · · · · · · · · · · 124

57 | 利用Word比較和合併記事 · · · · · · · · · · · · · · · · · · 126

58 | 將電子報匯集成電子雜誌 · · · · · · · · · · · · · · · · · · · 128

59 | 未來資訊一把抓—RSS · 130

60 | If This Then That—IFTTT ·········· 132

61 | 利用Google快訊蒐集新知 ·········· 134

62 | 用Google地圖查經緯度 ·········· 136

63 | 搭配其他雲端儲存空間 ·········· 138

64 | Google雲端硬碟（一） ·········· 140

65 | Google雲端硬碟（二） ·········· 142

66 | Copy圖內文字 ·········· 144

67 | 雲端列印—走到哪印到哪 ·········· 146

68 | 我想開發Evernote工具 ·········· 148

69 | 創意轉為獲利—專利和商標 ·········· 150

附錄：Evernote的搜尋語法 ·········· 153

索　引 ·········· 155

第1章
Evernote基本介紹

畫 說 Evernote 數 位 記 事 本

1 形形色色的記事本

　　雖然許多人對於琳瑯滿目、印刷精美的紙質筆記本情有獨鍾，然而不可否認的是在軟體工具排行榜上，越來越多數位筆記軟體不斷竄升，市占率也屢創佳績，包括知名的Microsoft OneNote、Google雲端硬碟（Google Drive），此外Google Play商店以及iTunes、 App Store也可以找到許多好用的筆記本App，例如ColorNote、InkPad等。

　　然而不同的筆記本有不同的功能和特性，有些僅具有簡單的文字輸入功能，有些可以錄影、錄音；有些是桌機版，也就是資料僅儲存在軟體端中，無法透過其他裝置存取；有些限以瀏覽器開啟、無法離線使用。

　　能夠總和以上功能的Evernote是個人氣很高的雲端記事本，使用者能在電腦軟體端、瀏覽器、行動裝置編輯資料，然後將資料上傳到Evernote雲端伺服器，上傳完成後就可以透過網路隨時對伺服器進行存取，而且不論使用者想要利用何種裝置登入Evernote都能夠取得最即時的資料，不必擔心資料版本不統一、需要整合等問題。

　　雲端服務有許多優點，例如資料異地備份，也就是即使本地電腦發生任何意外也不會遺失重要資料；此外資料儲存在雲端，就算出國開會也可以透過網路讀寫，不必費心攜帶重要資料；而資料可以開放多人共享，只要開放權限就可以共同修改，對於合作的小組成員間更是方便的工具，一份文件可以提供多人下載、修改、上傳。

　　另外，雲端服務的好處是不必擔心軟體升級的問題，不論服務供應商新增任何服務，用戶只要透過瀏覽器登入就可以直接享受最新的服務，不用理會是否要下載安裝新版本。

前進

- 找出合用的記事本是最重要的。
- 雲端記事本是將資料儲存在遠端伺服器。
- Evernote能同時支援線上和離線編輯。

雲端記事本突破空間限制讓人隨取隨用

形形色色的記事本

圖片出處：Evernote官方網站。

3

2 甚麼都記得住的Evernote

Evernote公司是多平台記憶強化服務供應商，所推出的同名服務Evernote在全球已經有超過1千萬個使用者，是一套廣受好評的軟體，由網站首頁的「甚麼都記得住（Remember Everything）」看得出來，Evernote是透過科技幫助人類記憶更多事情的工具。

Evernote的商標是一隻大象，這是因為大象一向被認為是記憶力非常好的動物，有句諺語說An elephant never forget（大象永遠不會忘記）正是此意，因此就以大象圖形做為產品商標。

Evernote就好比一套個人數位筆記本，它具有收納各種資訊的功能，讓使用者可以快速將所看到的、聽到的甚至想到的各種資料都存到筆記本中，同時也可以自己寫字、畫圖、錄影、錄音和拍照，一併存入筆記本中，除了儲存資料之外，Evernote公司尚有優越的圖像辨識技術，連照片背景出現的文字也能辨識。

要利用Evernote服務可以透過瀏覽器登入，或是安裝軟體於電腦或行動裝置上。

這些裝置可透過網路相連結，隨時更新狀態，換句話說，只要一個帳戶就能在多處即時存取資料，許多人採用Evernote正是看中了它跨平台、跨裝置的特性，學生可以用來做筆記以及與他人共同合作一項任務、商務人士可以隨時取用數據文件，創作者還可以隨時記錄各種靈光一現的感動。

本書將以瀏覽器登入的Evernote稱為「瀏覽器版Evernote」、安裝在作業系統下的稱為「桌機版Evernote」，在行動裝置上讀取的稱為「行動版Evernote」。Evernote提供了免費版和付費的專業版，兩者的區別可以見右表。

前進

⬤ Evernote是一套幫助人類儲存資訊的工具。
⬤ 跨平台、跨裝置的特性讓使用者可隨處取用。
⬤ Evernote具有優異的圖像辨識技術。

Evernote可以在線上或離線使用！

Evernote免費版和專業版的差異

	基本版	專業版	企業版
存取 Evernote 各種版本	是	是	是
記事本數量	100	250	250
記事數量	100,000	500,000	500,000
跨平台同步處理	是	是	是
可辨識PDF、附加的文件和影像內的文字	僅影像內的文字	是	是
記事上傳量	60MB/月	1GB/月	2GB/月
記事上傳限制	-	每月可增購額外 5GB。每年可增購額外 25GB。	每月可增購額外 5GB。每年可增購額外 25GB。
檔案同步處理	限制：影像、音訊、手寫及 PDF 檔	任何檔案類型	任何檔案類型
在 PDF 中搜尋	否	是	是
可編輯和標註PDF檔	否	是	是
存取記事歷程紀錄	否	是	是
離線記事本	否	是	是
透過 Evernote Web 共用	唯讀	可讀取並編輯	可讀取並編輯
單個記事的最大容量	25MB	100MB	100MB
傳送到Evernote的電子郵件	50封	250封	250封
由Evernote寄出的電子郵件	50封	200封	200封
技術支援	標準	專業版支援	專業版支援
安全性功能	SSL 加密	SSL 加密	SSL 加密
優先影像辨識	否	是	是
隱藏促銷廣告	否	是	是
花費	免費	150元／月或1350元／年	

資料來源：Evernote

甚麼都記得住的Evernote

3 跨平台的Evernote走到哪用到哪

Evernote可以直接透過瀏覽器開啓，或是下載軟體到裝置上。透過瀏覽器開啓Evernote的優點在於無需任何安裝動作，即使出門在外也照樣可以利用他人手機或公共電腦登入，但條件是必須保持連線狀態才能使用。

1. 下載Evernote軟體

這是完全免費的軟體，Windows和Mac等桌機用戶如果下載了Evernote軟體，那麼不論連線或離線狀態都可以使用，Windows操作介面和Mac雖然大同小異，但各自有不同的優點，有些功能專屬Windows用戶獨享，有些則只有Mac環境才提供。

2. 透過瀏覽器登入

雖然從瀏覽器就能登入Evernote，但為了發揮更大的功能，建議用戶一定要先下載Evernote Web Clipper擴充套件。理由是：當我們看到重要的網頁內容時只要一個按鍵就可將網頁資料（純文字、或含框架、圖案）快速加入Evernote中。目前有Chrome、Safari、Firefox、Opera和IE提供網頁剪貼功能。其中IE瀏覽器的擴充套件與桌機軟體是一併下載的。

3. 下載App

至於手機版本的Evernote軟體亦然，在各系統業者的App Store內就可以取得，例如Android手機可以在Google Play商店下載，若是iPhone、iPad等則可在iTunes或App Store下載，黑莓機的用戶可至BlackBerry App World下載。

前進

- 瀏覽器擴充套件可加強瀏覽器的功能。
- 透過瀏覽器就可登入Evernote讀取資料。
- 要離線使用Evernote必須先安裝桌機軟體。

擴充套件能加強瀏覽器功能

Evernote

Evernote 可幫您輕鬆記住日常生活中的大小事，只要使用電腦、手機、
平板電腦及網站即可達成。

針對行動裝置	針對電腦
iPad, iPhone, iPod Touch	Mac OS X
Android	Windows Desktop
Windows Phone	Windows 8 (Touch)
Blackberry	下載先前版本的 Windows 版
WebOS (透過 App Catalog)	Evernote (4.6)

Windows 版的新增功能 ▶

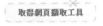

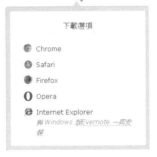

下載選項

- Chrome
- Safari
- Firefox
- Opera
- Internet Explorer
  與 Windows 版Evernote 一同安裝

Evernote跨平台、跨裝置，走到哪、用到哪。

康乃爾筆記法

　　作筆記可以活化腦部思考，刺激更多的創意，因為比起被動地接收資訊，作筆記是屬於主動創造資訊的活動。面對不同的目的，我們應該具備製作不同筆記的能力。首先介紹著名筆記法之一的康乃爾筆記法（Cornell Note-Taking System）。

　　康乃爾筆記法是在1950年代由康乃爾大學教育學教授Walter Pauk所創造，他在其著作《How To Study In College》一書中發表這項製作筆記的方法。此筆記法將版面分為三大部分，較窄的左欄寫下關鍵字或探討的問題，較寬的右側則寫下內容，至於下方則是本節課程的總結和心得。

　　這個筆記法的成功之處在於：聽課時，學生不但能夠將細節記錄在右方筆記欄中，還能夠透過自行抓出關鍵字，在聆聽的同時順便動腦，立刻掌握各段落重點。此外當課程結束後，再提綱挈領地在下方寫下摘要和心得；如此一來，學生也非常容易得知自己是否確實了解學習內容。而事後複習時更可以遮住右方內容，將左邊關鍵字當作題目，再試著回答。

　　雖然康乃爾筆記法設計之初其對象為學生，但是不論是參加研討會、聽演講等活動都十分適合，相較於其他筆記法多用於幫助記憶，康乃爾筆記法則被許多研究證實對知識的整合和應用有較大的助益。

康乃爾筆記法的版面樣式

《How To Study In College》一書的封面

第2章
Evernote for Windows

畫 說　Evernote　數 位 記 事 本

4 全中文化的Evernote環境

當我們開啟Evernote後可以看到整個主畫面被切分為三個區塊，由左至右分別是資訊面板、記事清單和記事面板。此處的「記事（note）」指的是一筆資料，而一個「記事本（notebook）」內可以有許多件「記事」，就如同一個文件夾可以放置多筆資料一樣。

資訊面板列出記事堆疊、記事本、標籤、捷徑、地圖集等資料，我們可以依據個人需求建立多本記事本，將工作、興趣、財務等不同資料分別放在不同的記事本中。學校師生也可以依照科目或研究計畫建立不同的記事本。

中間的記事清單相當於記事本內容的目錄和預覽，顯示方式有清單、摘要和卡片檢視，幫助使用者快速辨識內容；而點選後即可在右側記事面板看到詳細的記事內容，記事面板除了顯示內容，還可編輯內容。

我們可以調整三大區塊的比例，例如放大記事面板的空間；甚至利用工具列上的「檢視」功能決定要不要顯示記事清單和記事面板，例如編輯文字時可暫時不顯示記事清單，藉以擴充記事面板的編輯空間。

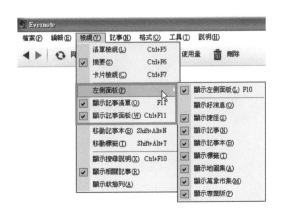

前進
- Evernote環境大致分為三個區塊。
- 由左至右的次序具有從屬關係。
- 可依據個人需求建立多本記事本幫助分類和記憶。

用戶可自行安排操作環境

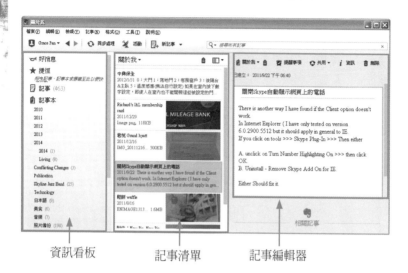

資訊看板　　　　　記事清單　　　　　記事編輯器

「摘要檢視」的外觀

記事清單

資訊看板　　　　　　　　　　記事編輯器

「清單檢視」的外觀

5 Evernote工具按鈕簡介

由於桌機版的Evernote具有較多功能，因此先了解桌機版的操作後，對於其他環境也能很快得心應手。

我們稱上方的功能列為「一般功能區」，下方功能鍵為「Evernote功能按鈕」。我們可以將常用的按鈕放在按鈕列上，取消不常用的按鈕。

一般功能區

Evernote功能按鈕

點選功能區的「工具」→「選項」，跳出的對話窗可進行其他偏好設定，例如同步化的設定、記事編輯器的字體字型設定、熱鍵的設定以及操作環境的語言設定。

要知道帳戶現況，例如專屬email address、距離訂購期限還有多久等，只要按下功能區的「工具」→「帳戶資訊」或是 使用量 按鈕即可。至於更詳細的資訊，則需按下「說明」→「前往我的帳戶頁」檢視，這個動作會自動開啟網頁。

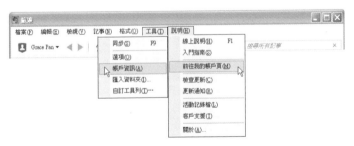

不論是付費或是專業版，儲存在Evernote的資料都經過SSL加密，以確保安全。

- Evernote沒有儲存空間的限制，但有每月上傳量限制。
- 可以輕鬆更換操作環境的語言。
- 可事先預設喜好的字體字型當作記事格式範本。

用戶可針對自己偏好進行設定

Evernote個人化設定

將工具按鈕固定在工具列上

使用量　　使用量　　使用量

使用量的圖示會隨著用量而變化

13

6 新增、刪除記事本及記事本堆疊

如何新增──記事本

Evernote是一個記事本的概念，使用者可以建立多個記事本，並為記事本命名以便於管理。要新增記事本可

1. 按下一般工具區上的「檔案」並選取「新記事本」，

2. 或在資訊面板的記事本區按滑鼠右鍵，選擇「建立記事本」：

這樣就完成了記事本的新增工作。記事本又分為**本機記事本**（**local notebook**）和**同步的記事本**（**synchronized notebook**）；本機記事本是指記事本僅供本台電腦讀寫，其他電腦和手機等行動裝置無法與其同步。一旦決定了記事本的類型日後就無法再更改，但我們可以另外建立不同屬性的記事本，再將舊資料複製過去即可。

如何新增──記事本堆疊

除了新增記事本之外，我們還可以利用「**堆疊（stack）**」功能將好幾本記事本歸於一類。假設我們有數本旅遊記事本「旅遊2012」、「旅遊2013」、「旅遊2014」等，我們就可以新增一個名為「環遊世界」的記事本堆疊，將每年的旅遊記事本置放在堆疊中。更快的方法是直接將一本記事本拖曳到另一本記事本上，就會自動形成堆疊，例如將「音樂」拖曳到「美食」上方即出現堆疊，我們可為此堆疊命名為「c'est la vie」。

如何刪除

要刪除不需要的記事本，只要在記事本上按滑鼠右鍵刪除即可。刪除後的記事本會暫時移到**垃圾桶**（**trash**）中，如果確定要永久刪除，則再前往垃圾桶刪除一次，若要還原記事本，一樣在此進行回復。

至於堆疊的刪除同樣是在堆疊處按下滑鼠右鍵，但是刪除動作只會刪除堆疊狀態，也就是將記事本由堆疊中取出，記事本本身不會消失。

前進
● 記事本需設定為同步功能才能透過行動裝置存取。
● 利用堆疊功能可將多本記事本整合於一處。
● 堆疊可採用年度或其他分類方式幫助系統化整理。

記事本和記事堆疊可隨時新增和刪除！

隨自己的管理邏輯建立記事本

按下滑鼠右鍵可建立「記事本」及「堆疊」

在"c'est la vie"建立記事本(C)...	
重新命名(R)	F2
刪除(D)...	
從堆疊移除(M)	
匯出記事(E)...	
共用記事本(H)	
新增至捷徑(S)	
內容(P)	

移除堆疊狀態

圖示說明：

收合堆疊：

展開堆疊：

7 開始撰寫新記事

建立了記事本，接著就要添加內容，也就是新增記事（New Note）。要輸入內容有以下幾個方法：

1. 按下工具區上的「檔案」-->「新記事（New Note），

2. 或是按下工具按鈕 📑 新記事 ▾，從4種記事類型擇一。

當我們開啟新記事，右方記事面板會出現空白的編輯區，這個編輯區稱為「記事編輯器」，用戶可在此輸入文字資料，也可以加入附件。

字型、字體大小、顏色、粗體、斜體、底線、刪除線、螢光筆

項目符號、編號清單、核取方塊、縮排設定、表格、分隔線、附件、音訊檔

我們可以透過以下方式加入附件：

1. 直接利用拖曳的方式將檔案拖放到空白處，

2. 利用工具列的「檔案」、「附加檔案」功能。

3. 按下 📎 以附加檔案。

一篇完整的記事除了內容充實之外，也可以視需求適度補充以下資料：

1. 建立標籤：標籤可標示記事的特徵或主題，有時甚至可以補充資料標題或內文不會提到的特性，例如「灰姑娘」的故事可以給予「家暴」的標籤，否則用關鍵字「家暴」是找不到這篇故事的。

2. 添加發生／舉辦地點（填入經緯度，見本書62節）。

3. 補充URL。

4. 提醒事項：✅ 設定提醒日期以免錯過重要任務，利用「工具」→「選項」→「提醒事項」可勾選「收到提醒事項的電子郵件」。

每次建立一則新記事，Evernote會自動放在前一次使用的記事本中。

前進
● 記事本中的記事標題可以重複。
● 一篇記事可以建立100個標籤。
● 附加檔案讓記事內容更豐富、多元。

Evernote對於蒐集、製作和儲存資料都很便利！

一步一步建立起專屬個人的知識庫

新記事 ▾ 按鈕旁的 ▼ 可開啟4種新記事選單：

1. **新記事**（New Note）：一般記事。
2. **手寫記事**（New Ink Note）：可用手寫筆、繪圖板自由書寫。
3. **語音**（New Audio Note）：記事內容為音訊檔。
4. **網路相機**（New Webcam Note）：記事內容為影像檔。
5. **螢幕擷取畫面**：擷取螢幕畫面做為新記事。

適度補充資訊可幫助搜尋、管理

17

8 拖放檔案及匯入資料夾

直接拖放檔案

1. 到資訊面板的記事本、記事清單：我們可以複選多個檔案一起拖放，這些檔案自動合併成一則記事，而它會自動隸屬於我們前一次所使用的記事本。也可以拖放一個資料夾，但子資料夾會被忽略。

2. 到資訊面板的某個標籤中：那麼這些檔案也會合併成一則記事，並且自動標上該標籤，而它會自動隸屬於我們前一次所使用的記事本。也可以拖放一個資料夾，但子資料夾會被忽略。

3. 資料夾無法直接拖曳到記事編輯器的空白記事區，除非壓縮後再拖放過去。

利用迴紋針圖示匯入檔案

按下記事編輯器上方的迴紋針圖示 ⬦，如此可一次選取多個檔案，並合併成一個檔案，這個功能和前述的「拖放」檔案有相同的結果。

匯入資料夾

透過功能表的「工具」→「匯入資料夾」將檔案夾內的檔案分別形成獨立的記事。與前述的「合併成一則記事」大不相同，資料夾內的子資料夾會形成一篇篇獨立的記事。

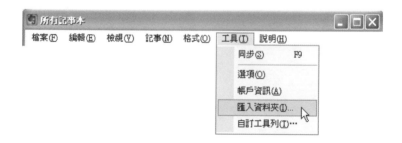

- 各類檔案都可以當作附件貼在記事中。
- 免費版和專業版對單篇記事有不同的上傳限制。
- 拖放資料夾會將全部資料合併為一篇記事。

拖放檔案和匯入資料夾的結果不同

拖放整個資料夾，所有資料會合併成為一則記事

由於檔案是接連著排列顯示的，換句話說照片也是一張、一張緊接著排列，雖然容易預覽內容，但若數量相當龐大則讓人眼花撩亂，此時我們可以考慮將這些照片先進行壓縮，再將壓縮檔拖放到記事本中，將來要使用時再解壓縮即可。

設定匯入的資料夾

9 找回拿筆的感覺—新手寫記事

　　這是Windows桌機版才有的功能，顧名思義就是以手寫、塗鴉的方式輸入資料。由於Evernote支援繪圖筆或滑鼠直接繪圖，使用上就如同用真正的筆在筆記本上自由繪圖、做筆記。

　　由於畫面空間有限，要爭取更大的編輯空間，只要取消顯示記事清單（見本書第4節），就能擴大記事編輯區的空間；或者我們可以在記事清單的名稱上按兩下滑鼠，或在記事編輯區按下滑鼠右鍵再由選單中選擇「開啟記事」，就會另外開啟一個新的編輯視窗，如此一來整個畫面都可以用來編輯。

　　Evernote會對手寫記事的內容進行分析，記事內的文字和圖案會被當成獨立存在的「區塊」，能移動、改變顏色、調整大小。以右圖為例，如果我們想要改變「Emporium」這幾個字的大小和顏色，只要按下「選擇區塊」按鈕，然後用滑鼠在「Emporium」這幾個字母上隨意滑動，盡量接觸到每個筆劃，鬆開滑鼠後就會看到這個字已經被自動框起來，而且可以進行調整。

　　編輯工具說明：

★：預設為自然筆跡，按下此按鈕繪圖會自動將曲線拉直

✎ ✎：選取不同的筆觸

✎：橡皮擦功能，可消去筆跡

⌐：選擇區塊

～ ～ ～ ～ ～：選擇筆觸粗細

◍ ▼：選擇畫筆顏色

　　手寫記事（Ink Note）並不能添加圖片、影音檔等附件，是一個單純的手寫資料。

前進
　○ Evernote可以搭配繪圖板隨意塗鴉、作筆記。
　○ 手寫記事的「紙張」長度可以不斷延伸。
　○ 可以選擇筆款、粗細、筆觸⋯⋯

回歸拿筆的感覺

手寫記事非常自由，寫字畫圖都OK

選取要變更的區塊

改變顏色、大小、筆觸、粗細、位置都很方便

10 新語音記事和新網路相機記事

數位筆記本最占優勢的特點之一就在於數位筆記本可以儲存。

多媒體資料，例如照片、音訊、影片等，這些算是相對完整的資訊，因為傳統以「文字」做筆記總是挑重點來記錄，資訊屬於片段式的。

另外有些重點無法用傳統筆記本代替，例如眼神、發音、肢體訓練等等，此時多媒體檔案就勝過千言萬語。

新語音記事

顧名思義就是記事內容為音訊檔，對於上課、聆聽演說、採訪等情況下十分便利。只要選擇 🎤新語音記事 就會在記事編輯器上方看到錄音工具。就算本來在打字，突然想要錄音也沒問題，只要按下記事編輯器工具列上面的麥克風圖示 🎤，一樣可以叫出錄音工具。

一則記事也不限幾段錄音，一切全取決於檔案的大小，也就是一則記事包含附件的上限是100MB，在此之內都是允許的。至於一段20分鐘的錄音約為1.9MB，換算100MB大約是17個小時。當然這也視各電腦的錄音品質而定。

新網路相機記事

就是將相機拍攝的資料直接匯入Evernote，變成一項記事。不論是上課、開會，都可以直接利用鏡頭拍攝黑板和投影片，不必抄筆記也不會遺漏任何重要的資料。

由於每拍攝一張照片就會形成一則記事，如果希望全部合併成一個記事可以參考本書第12、20節。或是先使用相機拍照儲存在電腦的文件夾中，之後以拖曳的方式放置到記事本即可。

前進

● 學習發音時，音訊檔勝過文字描述。
● 一則記事可以有多段音訊檔，只要檔案大小合乎限制。
● 相機拍照能完整記錄所有細節。

電子筆記本絕對少不了多媒體的內容

同一篇記事可以儲存多段錄音。

網路相機記事能鉅細靡遺捕捉細節。

11 螢幕擷取和外部匯入

由螢幕擷取匯入

當我們玩線上遊戲創造了新記錄時，會有股衝動要記錄這一刻；另外當撰寫軟體操作的解說文章時，也會將每個步驟的執行方式以抓圖方式記錄下來；尤其很多時候，網頁資料不允許被複製、儲存，Evernote正好可以利用螢幕擷取的方式將畫面直接匯入Evernote中。

擷取的方法是按下工具按鈕或「新的截圖」，就能夠輕鬆擷取全部或部分電腦畫面，匯入Evernote當作新的記事資料。

Evernote也提供一個免費的擷圖處理軟體，稱為Skitch，它在影像處理和Evernote搭配得天衣無縫，請見第46、56節介紹。

匯入Evernote檔案

Evernote記事可以匯出作為備份、或與他人分享。先點選需要匯出的記事，可以複選，然後點選「檔案」→「匯出」，選擇.enex檔案格式匯出，目的地就會出現Evernote.enex的檔案。相反的，要將.enex檔匯入Evernote，只要點選「檔案」→「匯入」即可。

由Microsoft Office OneNote匯入

記事內容還可以由OneNote匯入，即使朋友或合作夥伴使用不同的記事軟體一樣可以輕鬆分享。匯入方式是點選工具列上的「檔案」選單，並在匯入選項中點選「Microsoft OneNote」，再挑選匯入標的即可。

前進

- 螢幕擷取功能可讓我們保留值得紀念的畫面。
- 可自由選擇擷取整個畫面或是部分畫面。
- 許多硬體已經內建支援功能，為使用者省時省力。

可在工具上自訂「螢幕擷取畫面」的按鈕

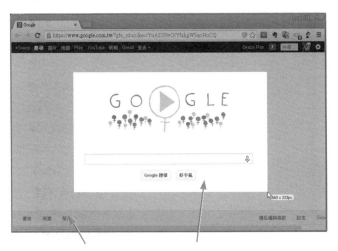

螢幕擷取和外部匯入

未被選取的部分呈現暗色，選取的部分是亮色。

可批次匯出、匯入Evernote記事

12 管理記事資料

移動

　　當我們想要將記事（note）由A記事本（note book）移動到B記事本時，只要直接用滑鼠拖曳過去即可，但如果記事本的數量太多，拖放費時，那就在記事上按下滑鼠右鍵，由選單中選擇「移動記事」，再選擇目標記事本。

複製

　　如果我們希望A記事本的記事能同時出現在B記事本，可以在記事清單上點選記事名稱，按下滑鼠右鍵選擇「複製記事」到目標記事本即可。

刪除

　　對於已經不需要的記事，我們也可以按下Delete鍵或 🗑 刪除 加以刪除。刪除的郵件還存在於垃圾桶中，隨時可以復原，因此還是繼續占用電腦的記憶體。要將記事永久刪除只要在垃圾桶上按下滑鼠右鍵，就可以在選單上做選擇。

　　若點選的記事不只一篇，右方記事編輯器會出現「點選N篇記事」以及可進行的工作，包括：電子郵件、合併記事、儲存附件、移至記事本和指派標籤，也讓管理工作快速許多。

選取 4 則記事

電郵	合併記事	儲存附件

移至記事本　　　　　　　▼

audio

合併

　　合併記事是將兩篇（含）以上的記事內容直接合併成為一篇新記事，不論內容是否有重複之處，而附件也會一併放置在新記事中，然而手寫記事無法以圖片格式與其他記事合併。

●移動和刪除記事是幫助資料分類管理的方法。
●即使是重複的記事也會一併計算上傳量。
●由手機刪除的記事也會被放在垃圾桶中。

垃圾桶內的記事可隨時復原！

用滑鼠拖曳是最簡便的移動方式

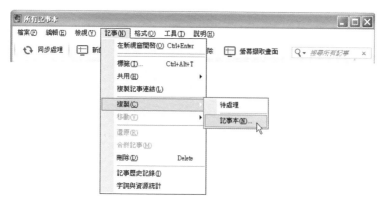

複製記事到其他記事本

可以複選多篇記事一次處理

13 儲存附件和手寫記事

一般附件

儲存在Evernote附件可以轉出來另做處理嗎？可以的，只要點選附件後利用滑鼠右鍵的選單選擇「另存新檔」即可，但如果要轉出某篇記事的多個附件，則必須利用「儲存附件」（save attachments）的方式，也就是利用工具列的「檔案」→「儲存附件」將附件儲存於指定位置。如果有多篇記事內的附件要轉出，就先按著Ctrl鍵複選多篇記事即可。

能夠被視為附件的資料類型，包括應用程式、圖片、影片、各式文件（PDF、Word檔、Excel試算表、Power Point簡報檔）等，文字不會被視為附件，網頁文字亦然，僅網頁內含的圖片會被匯出。

儲存手寫記事

手寫記事如果用上述方式轉出，就會成為.bin格式，不但一般圖片瀏覽軟體無法開啓，而.bin也無法重新匯入Evernote，因此對於手寫記事的儲存可以利用以下方式：

1. 以Chrome、IE或Firefox瀏覽器版讀取手寫記事後，利用另存新檔將手寫記事以圖片格式（.png或.bmp）儲存，如此一來，即使是一般圖片瀏覽軟體也能夠開啓。

2. 以IE瀏覽器版讀取手寫記事後，選擇「用電子郵件傳送圖片」，手寫資料就會以.png格式當做附件寄出。

3. 按下工具區的「檔案」→「列印」，再選擇「Document Writer」就可以將手寫資料另存新檔。

如果我們開啓Evernote圖片進行修改，修改完成後會將新的改變直接回存於Evernote（見本書第25節）；然而另存新檔的附件是獨立的檔案，不論如何修改都不再對Evernote產生影響。

前進
- 轉出的附件資料是獨立存在的。
- 要批次轉出附件需要利用儲存附件的功能。
- 手寫記事僅能以.bin檔轉出。

活用記事內豐富的資料

儲存附件和手寫記事

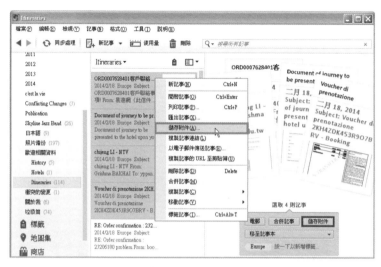

批次儲存多篇記事內的所有附件

以Chrome瀏覽器開啟手寫記事並另存圖片

14 聰明管理標籤

為了避免創造太多類似的標籤造成困擾，我們可以改用「指派標籤」的方式限用既有的標籤。尤其如果是專有名詞，還是要謹慎的給予正確而統一的名稱，此時我們可以在標籤後方加註指示說明。

例如：我們統一使用Airplane表示飛機，但我們同時建立一個Aircraft的標籤，然後利用括號註記（use Airplane），那麼在指派標籤時看一眼就能明白要使用Airplane這個標籤。又如：決定要統一使用「射手座」標籤，但同時我們也建立一個「人馬座（使用：射手座）」的標籤，萬一想要輸入人馬座，就會立刻看到後面的指示。

Airplane

Aircraft（use Airplane）

射手座

人馬座（使用射手座）

要指派標籤，只要點選一篇或多篇記事後在工具列的「記事」選單中選取「標籤」，接著就會開啟「指派標籤」的對話框，我們也可以在此「新增新標籤」。

找到適合的標籤就勾選旁邊的核取方塊即可；確定標籤都勾選完畢後，按下「確定」，剛才選定的數篇記事都就順利完成標籤指派的工作。如果要批次取消數個標籤也可以利用這個方法，只要將標籤的核取方塊取消勾選即可。

而Evernote的標籤如同記事本堆疊一般，可以具有從屬關係。例如在「投資」的標籤下，還可以分為「黃金」、「股票」和「存款」等，幫助我們分類和管理。

要在某個標籤下增設子標籤，只要在標籤名稱上按下滑鼠右鍵即可在選單上看到「在○○建立標籤」。至於現有的標籤則可利用拖曳的方法將A標籤拖曳到B標籤上，成為B標籤的子標籤。

前進

● 避免標籤浮濫，我們可以在標籤後加上指示文字。
● 一則記事可以指派100個標籤。
● 標籤也可以堆疊，便於管理。

動動腦，聰明使用標籤！

標籤可自由標註資料屬性、內容、時間

指派現有標籤以免混淆

在標籤後用括號標註指示文字

聰明管理標籤

九宮格思考法及心智繪圖法

相較於康乃爾筆記法的對象是資訊接受者的角色，九宮格思考法和心智繪圖法則是幫助主人翁發揮創意的筆記法，使用上有些差異，但可以互相搭配。

1. 九宮格思考法

首先畫出一個九宮格，將主題放在中間，然後將相關的人、事、時、地、物等填入，這樣可以跳脫線性思考，進而對主題的筆記法。就可以很快地對與本主題相關的各項事件有全盤的認識，同時也能快速發現問題和盲點。

九宮格思考法又被稱為曼陀羅思考法，因為曼陀羅（Mandala）圖騰正是由一個中心為原點為向外拓展出的繁複圖像，就好比我們在思考時並非呈現線性，而是不斷跳躍卻包圍著核心問題的模式。

圖1正代表著環繞著主題的各項條件，然而條件與條件之間也會有其他條件與原始主題有關，例如「人」與「事」之間存在著兩者兼具的其他條件。將此一一列出後自然能夠釐清主題的完整樣貌。

2. 心智繪圖（Mind Mapping）法，又稱為「心智圖」（Mind Maps）

心智繪圖法則比九宮格思考法更為自由，且同樣是以一個主題／問題為中心自由聯想，並利用線條、箭頭、虛線、顏色、圖畫等技巧標記相對關係。繪製心智圖可以幫助大腦記憶、理解，同時也能幫助發現各項條件的交互關係，並找到通往目標的捷徑。

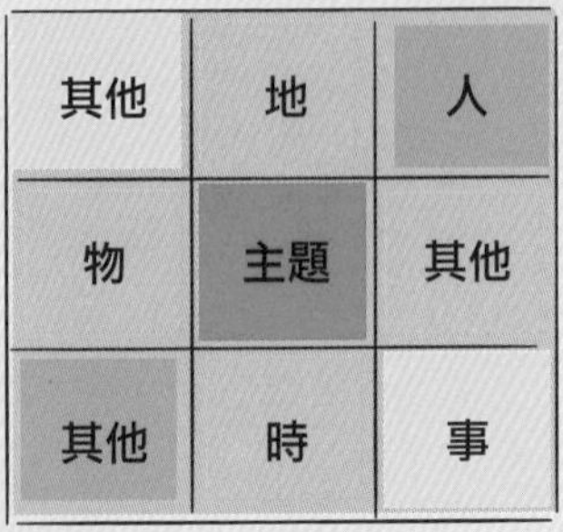

其他	地	人
物	主題	其他
其他	時	事

圖1　九宮格思考法

圖2　心智繪圖法

第3章
Evernote for Mac

畫　說　Evernote　數　位　記　事　本

15 認識Mac版Evernote環境

安裝了Mac版Evernote之後，我們可以看到Evernote畫面如圖所示分成三大區塊，分別是資訊看板、記事清單以及記事編輯器。如同資料夾層層展開的邏輯一樣，點選左側的記事本名稱、中間的清單就會展開記事摘要、卡片，點選想要的記事處則右邊的記事編輯器就可開始編輯內容。

我們也可以改變記事清單的顯示方法，按下 圖示就可以在選單上挑選偏好的展示方法。包括：

> 卡檢視
> 展開的卡檢視
> 摘要
> 側邊欄清單檢視
> 置頂清單檢視

雖然Evernote並不限制用戶的總儲存空間，但是每個月都有上傳總量的限制（見第2節）。要了解本月一共使用多少上傳量，可以按下頁面上的「帳戶資訊按鈕」，或是由工具列「Evernote」選單進入「帳戶資訊」，要知道詳細的帳戶資料則由「說明」選單前往「帳戶設定」頁。

● 桌機版的Evernote功能比瀏覽器版強大許多。
● Mac桌機有朗讀記事的功能。
● Windows版有手寫記事的功能。

認識Mac選單列和狀態選單的功能

帳戶資訊按鈕:可檢視帳戶活動、使用
量、專屬郵件地址、切換不同用戶等。

搜尋框,可輸入關鍵字搜尋記事。

認識Mac版Evernote環境

資訊看板,
顯示帳戶的
目錄和其他消息。

記事清單,有多種檢視清單的選項。

記事編輯器,可編輯記事內容、插入附加
檔案、建立標籤、開放共用等等。

35

16 記事本和記事本堆疊

要讓我們手邊大量的資料變得井然有序，首先就是規劃一個適合自己的分類邏輯，並且透過Evernote「記事本」來完成！

對學生來說，記事本的分類可能觸及課程名稱、考古題、研究專題、語言學習……等等。對業務人員來說，記事本可以國內客戶、海外客戶、業績貢獻等級、客戶屬性……等等來作為分類的依據。

首先，按下工具列上的「檔案」選單，挑選「新記事本」，就能選擇記事本的屬性。

同步處理的記事本：此類型的記事本會與其他裝置同步，一台裝置變更內容，其他裝置也會一併更新。

本機記事本：資料只在本機使用，不與其他裝置共用。

一旦選定記事本的類型，將來就不能再改變，但我們可以另外建立不同屬性的記事本，再將舊資料複製過去即可。

光是記事本還不足以管理龐大資料，我們還可以把同類型的記事本放在一起，形成「記事本堆疊」。例如：將泰國、新加坡、日本、韓國的旅遊記事本放在一起，建立「亞洲旅遊」的記事本堆疊。

建立記事本堆疊只要利用拖曳的方式將一本記事本疊在另一本記事本上，就會自動形成堆疊，我們也可以為記事本堆疊命名以方便管理。要將堆疊中的記事本移出，也是利用拖曳的方式將記事本拖出即可。或是在選單中選擇「從堆疊中移除」的功能。

由於共享的單位是「記事本」，因此堆疊本身無法設定為共享。亦即：共享的記事本即使與其他記事本堆疊在一起，仍不改共享的性質，原本不開放共享的也繼續維持不開放。

刪除堆疊不會刪除任何記事或是記事本，僅是將記事本從堆疊中取出，成為不隸屬任何堆疊的一般記事本。

前進

- 一本影音記事本就像一張CD或DVD。
- 同步的記事本可與同帳號的各個裝置同步更新。
- 記事本堆疊就好比書架，放著一本本的記事。

即使刪除記事本堆疊也不會刪除記事本！

記事本可以設定分享，但堆疊不可

建立記事本並選定類型

「堆疊vs.記事本」就如同「資料夾vs.子資料夾」的關係

開始第一篇新記事

在工具列上按下「檔案」，可以看到選單上有多種記事類型可供我們選擇，包括：

1. 新記事：即開啟一則空白記事，我們可以輸入任何內容。除了自行打字之外，還可以用拖曳、複製貼上的方式將各種檔案貼在記事上，或按下記事編輯器的 📎 圖示以附加檔案，即使是應用程式也沒有問題。

一篇完整的記事除了內容充實之外，也可以適度補充以下資料，對將來的搜尋、管理都有所助益：

- 建立標籤（tag）：標籤可標示記事的特徵或主題，有時甚至可以補充資料標題或內文不會提到的特性，例如「灰姑娘」的故事可以給予「家暴」的標籤，否則用關鍵字「家暴」是找不到這篇故事的。
- 補充地點位置（填入經緯度，見本書62節）。
- 補充URL。
- 提醒事項：設定提醒日期以免錯過重要任務，利用工具列的「Evernote」→「喜好設定」→「提醒事項」可勾選「收到提醒事項的電子郵件」。

每次建立一則新記事，Evernote會自動放置在前次使用的記事本中，如果想要固定放置在某記事本，可進入「喜好設定」進行改變。例如：建立一個「待處理」記事本，將所有新記事都先放置在此。

前進

- 記事資料包括內文和外部描述，如標籤、位置。
- 標籤可以補充內文無法提及的特點。
- 可先設定一個「待處理」記事本放置新記事。

記事編輯器有許多常用的編輯工具

工具列的「檔案」選單可以挑選記事類型

字型、字體大小、粗體、斜體、底線、顏色、螢光筆

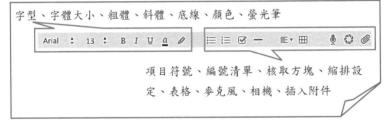

項目符號、編號清單、核取方塊、縮排設定、表格、麥克風、相機、插入附件

記事編輯器的工具列

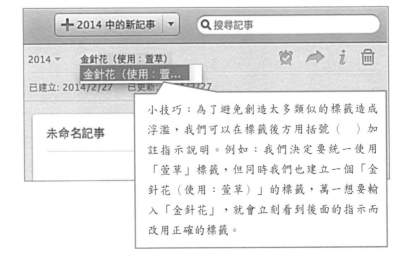

小技巧：為了避免創造太多類似的標籤造成浮濫，我們可以在標籤後方用括號（　）加註指示說明。例如：我們決定要統一使用「萱草」標籤，但同時我們也建立一個「金針花（使用：萱草）」的標籤，萬一想要輸入「金針花」，就會立刻看到後面的指示而改用正確的標籤。

善用小技巧管理標籤

18 建立多媒體記事及螢幕擷取

　　前一節介紹的是一般文字的輸入，這一節要介紹多媒體附件，也就是加入圖片、音訊等資料。

　　2. 新FaceTime相機記事：開啓電腦的鏡頭並拍攝影像，拍攝完成後影像將自動儲存為一則記事資料。

　　3. 新語音記事：開啓錄音功能，完成後音訊檔將成為一則新記事。

　　即使我們一開始選擇了一般記事類型，但臨時想要錄音也沒問題，隨時按下記事編輯器上方的麥克風 🎤 按鈕，就能開始錄音。

　　假設某場會議有多位演說者，我們希望分段錄下各演說者的演說，就可以在第一人演說時按下 🎤 開始錄音，按下「儲存」 ⬛️儲存 則結束一段錄音；接著第二人演說時又重新按下按鈕，開始一段新的錄音；如此重複以上動作即可。這些錄音會分別成為一個音訊檔，而且全都貼在同一則記事中。

　　拍照也是如此，只要隨時按下工具列上的快門圖示 🔄 即可開始拍照。同樣的，這些照片也會全部貼在這則記事中。麥克風和相機功能非常適合上課、聽演講、訪談等場合。

　　4. 螢幕擷取：

　　按下Mac桌面右上方狀態選單上的大象圖示 🐘 也能快速建立記事，它不能啓動照相功能，但可以擷取螢幕畫面。

　　擷取全螢幕：擷取整個螢幕畫面，以圖片格式貼在新記事內。

　　擷取矩形或視窗：擷取部分畫面，以圖片格式貼在新記事內。

　　編輯完畢按下「儲存至Everonte」按鈕就上傳完成了。

前進　　● Mac版Evernote可以直接在電腦上建立語音記事。
　　　　● 即使記事已經上傳，事後仍能編輯補充。
　　　　● 抄筆記來不及？直接拍下來就OK了！

利用Evernote可快速記錄並上傳雲端！

能儲存多媒體資料是數位筆記本的優勢

利用大象捷徑快速啟動新記事功能

擷取部分螢幕畫面

19 最快速的方法—拖放檔案

想要快速將電腦裡的資料變成井然有序的記事，最方便的途徑就是直接「拖曳」檔案到Evernote中。

直接拖放檔案

1. **到記事本**：這些檔案會各自獨立成為一篇一篇記事。

2. **到空白記事中**：所有的檔案會合併成為一篇記事。

3. **到資訊面板的某個標籤中**：那麼這些檔案也會合併成一篇記事，並且自動標上該標籤。

如果我們拖放的是一個資料夾，那麼資料夾就會變成一個壓縮檔。

拖曳檔案時要注意帶有超連結的資料，例如試算表以超連結指向帶有圖片的資料夾，或是簡報投影片連結一段儲存在本地電腦的影片；這種情況在拖曳試算表或簡報時，外部圖片和影片並不會自動被拖曳，必須由我們主動上傳才行；要使用時也必須重新設定路徑。

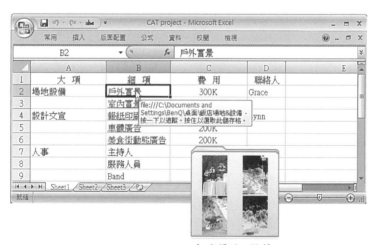

飯店場地&設備

前進

- 利用記事編輯器的迴紋針圖示也能匯入多筆檔案。
- 別忘了超連結的資料要自己上傳。
- 拖放資料夾會將全部資料合併為一個壓縮檔。

拖放檔案是建立記事最快速的方法！

拖放檔案和匯入資料夾的結果不同

一次拖放多個檔案到記事編輯器：內容會合併成為一篇記事

一次拖放多個檔案到記事本：各自成為獨立的記事

Spain-to be print.zip
8.3 MB

👁：預覽壓縮資料。

⬇：儲存到本地硬碟。

20 多篇記事一次處理

當我們複選多篇記事時，右方記事編輯器會出現「點選N篇記事」以及相關的可用功能，包括：電子郵件、合併記事、儲存附件、建立總目錄記事、移至記事本…和指派標籤等等。

1. 電子郵件：顧名思義就是將記事資料以電子郵件寄出。無論我們點選幾篇，記事的內容都會合併成為一封信，而影片、語音等檔案會以附件的形式附加於email中。

2. 合併記事：將點選的記事內容合併成為一則新記事，並儲存在目前的記事本中，然而（Windows桌機版的）手寫記事無法以圖片格式與其他類型記事合併。

3. 儲存附件：附件將被另存新檔到指定的位置。

4. 建立總目錄記事：這是Mac桌機版獨享的功能。我們可以挑選數篇記事資料，並製作一個總目錄，這個目錄會以記事的型態存在於記事本中，只要點選目錄，就能連結到原文（見本書第21節）。

5. 移至記事本…：將記事資料移動到另一個記事本中。

6. 指派標籤：在空格中直接填入標籤名稱，這些被選取的記事就會同時被給予相同的標籤，非常省時省力。

前進

- 以email寄出記事也會一併寄出附件。
- 標籤可以用文字、數字或符號來表示。
- 建立總目錄記事可輕鬆建立帶有超連結的目錄。

標籤也可以堆疊，產生從屬關係

一次指派多個標籤至多篇記事

標籤跟記事本一樣可建立堆疊

21 建立「總目錄」記事

　　某老師平常就將書訊、書摘製作成一篇篇的Evernote記事，到了寒暑假要為學生開一張課外讀物書單，就將選出來的書摘記事放在「推薦讀物」的記事本中，然後透過「總目錄記事」功能編製成一張書單，再利用「共用」開放這本記事本（見本書第30節），學生就能看到總目錄的書名並連結到書摘資料，看到作者、出版社等資料。

　　旅遊愛好者將旅遊資料變成一篇篇的記事，分別放在不同國家的記事本。若朋友想要參考南歐10城的玩法，我們就可以將這10個城市的記事複製到新記事本，再建立一個總目錄；只要將這記事本分享給朋友，朋友就能看到城市名稱，點進去就能瀏覽全文，相當於一本旅遊工具書。

　　準備考試的考生，也可以把歷屆申論題放進記事本中，「記事標題」就是題目，「記事內容」就是答案，只要將所有的記事列出一張總目錄，就變成一個題庫，可讓自己練習問答（參考本書第51節）。

　　這麼輕鬆簡單就能做出一張條理分明的目錄，對於「做簡報」也非常有幫助。由於資料都儲存在Evernote中，就算突然被要求上台做10分鐘簡報，也不用手忙腳亂開啟簡報軟體、在投影片中猛塞資料，我們需要做的只是一個按鍵把目錄列出，就能好整以暇準備一場精彩報告。

　　雖然「建立總目錄」是Mac獨享的功能，但建立完成的總目錄其實也是一篇記事，可以再編輯加入文字和附件，其他裝置也能看到、編輯這個目錄。

前進

- 音樂創作集合在一起就如同一張專輯。
- 考生可以一邊蒐集資料、一邊製作題庫。
- 輕鬆做簡報，完全不需要額外花時間。

善用目錄功能可變化出各種用途

建立總目錄記事

選出推薦讀物製作一份書單

共用記事本可讓多人同時瀏覽

建立「總目錄」記事

創造專屬的筆記風格

　　筆記是幫助個人達成目標的工具，而要達成目標的重點不在於用了多少版面、寫了多少字，而是內容是否易於參考、易於分析。這表示我們沒有必要將筆記侷限在任何一種形式，也不一定要使用文字來記錄，只要能夠幫助思考形式都是有效的工具。

　　文字以外的表達方式包括：

　　符號或代碼：用符號代表長串文字可以節省時間，也具有保密的功能，例如英文大寫C表示對手公司，畫一個方框表示合作夥伴；此外也可以作為段落或重點標示，例如用黑色圈圈（●）表示一個段落的起點，用星號（☆）提示重點等等。

　　線條：善用虛線（---）、實線（—）、波紋（〰〰〰）和箭頭表示項目和項目之間是直接、間接的關係，正向、負向的關係，或是從屬關係等等。

　　圖形：藉由圓形、方形、三角形、梯形等表達不同的任務性質，例如常見的流程圖就是利用菱形（◇）表示決策點，用▢表示報表。

　　顏色：用不同顏色表示不同屬性，或是用色塊標出群組關係，一方面可以提高重點辨識度，一方面也讓畫面更活潑，擺脫沉悶的感覺。

　　繪畫：常用於會場布置、隊形變化、包裝設計、賣場動線、座位安排等不易用文字表達的情況。

　　平板電腦具有較大的繪製空間，比較能夠取代紙張，但是出門在外手機是最常見的隨身裝置，靈光一現時，不妨就直接利用隨手可得的紙張進行繪製，再用手機拍照存檔即可。Evernote的優點之一就是手寫文字也能辨識，因此我們能夠更自由地混合使用各種傳統和數位的記錄方式。

第4章
深入了解Evernote！

畫　說　Evernote　數　位　記　事　本

22 容量及偏好設定

1. 記事篇數限制

每個Evernote帳號可以容納50萬篇記事、250本可同步的記事本（包括記事堆疊），但對於本機記事本（local notebook）沒有設限，也就是電腦容量夠大，就能無限制地設定記事本數目。而標籤方面，一個帳號可以設定1萬組標籤和100個儲存的搜尋條件（saved searches）。

2. 擷取偏好設定

Windows使用者的偏好設定可由「工具」選單中挑選「選項」，Mac使用者則可經由Evernote選單列（Menu Bar）的「Evernote」、「喜好設定」中進入。

・目的地記事本

如果我們蒐集的資料幾乎都匯入某個記事本，就可以點選常用記事本後，以滑鼠右鍵開啓「將此設為預設記事本」。先在「喜好設定」將這個記事本設為目的地記事本，將來每新增一篇記事就會自動匯入目的地記事本。

・保留基本格式

至於「保留基本格式」與否，就如同第23節所示，也就是僅擷取網頁的文字資料？或是連同網頁的框架一併匯入？

・不要顯示新建擷取對話方塊

如果勾選「不要顯示新建擷取對話方塊」的選項，表示每當我們擷取網頁資料時，將不再出現對話方塊。資料會依據個人偏好設定逕行擷取及匯入。

・提醒事項

勾選是否願意當天早上收到提醒事項的電子郵件。

前進
- 每個帳戶能夠上傳10萬篇可同步的記事。
- 本機記事本沒有上限，只要電腦能容納即可。
- 喜好設定能幫助我們節省零碎時間。

喜好設定讓工作環境變得非常個人化

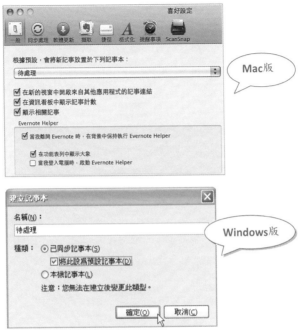

設定「預設記事本」

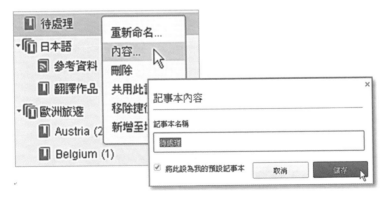

在瀏覽器畫面設定「預設記事本」

容量及偏好設定

23 Evernote Web Clipper擴充套件

上網查資料是取得資訊的重要方法之一，假設我們只要網頁的部分段落，只要使用「複製／貼上」的方式貼在記事當中即可。然而要快速下載完整網頁就要透過**Evernote Web Clipper**擴充套件（見本書第3節）。

成功安裝了擴充套件的瀏覽器可以看到大象按鈕（除IE外），這表示只要按一下按鈕就可以迅速抓取網頁，不但如此，我們還可以選擇匯入完整網頁、純文字或是部分資料。

以Chrome瀏覽器為例，只要按下「擷取文章」、「簡化文章」、「完整頁面」、「書籤」或「螢幕擷取畫面」，就能看到網頁畫面會隨之略微變動，算是提供用戶預覽上傳後的資料架構。其中值得一提的特殊功能包括：

1. 很多部落格和網站或許不希望內容被轉載，所以只供觀看、不能複製，但當我們使用「**簡化文章**」的選項時，就會發現這些文字都能選取了。

2. 「**書籤**」是將網頁資料濃縮成一張卡片一般的內容，適合不想正式儲存，只當作預覽之用。

3. 「**螢幕擷取畫面**」提供了多樣工具，用戶可在凍結的畫面上打字、加上箭頭、反白、刪除不需要的資料等，做完註記後再上傳至資料庫。

> 須注意：網頁若包括影片、音訊或是其他flash動畫檔則沒有辦法匯入，PDF檔等電子文件也沒有辦法直接匯入，我們必須先另存新檔後再貼於記事中。但Evernote會偵測到檔案網址，我們一樣可以連結到原始資料而不必占用帳戶空間。

前進

- Evernote Web Clipper讓網頁擷取事半功倍。
- 有些網頁資料不允許被讀者複製內容。
- 以「螢幕擷取」方式可以畫圖、打字、蓋章。

資料先經過外部處理再上傳可節省每月傳輸量

：影像反白工具，也就是螢光筆，可標示重點。

：可以畫出以下圖形 ↗ ╱ ◯ ◯ ▢ 。

：戳記圖章工具，可蓋以下圖章 ⊗ ⓘ ❓ ✓ ❤ 。

：麥克筆工具，可以寫字、畫圖。

：打字工具，直接用鍵盤在畫面上打字。

：像素化工具，將特定畫面打上馬賽克。

：色彩，共有8種可以選擇。

：裁切畫面。

和 ：縮小和放大畫面。

加上箭頭

畫面裁切

53

24 把email變成記事

個人專用信箱：

　　每個Evernote帳號都附有一個Evernote電子郵件地址，這個地址所接收的郵件會自動轉成一則Evernote記事。Evernote同時設計了一組功能變數，用戶在寄email時，只要在主旨欄指定目的記事本和標籤（tag）即可，其語法是：

主旨文字@記事本名稱#標籤

　　例如**Coeur de Cannes訂房記錄@Itineraries#Europe**，表示這封mail的主旨為「Coeur de Cannes訂房記錄」，要放在名為「Itineraries」的記事本內，且附帶著「Europe」標籤。主旨欄輸入完畢後只要將email寄出，Evernote收到後就會自動儲存。

　　需要注意的是@後的記事本和#標籤名稱必須是已有的，不能新增，同時如果要設定多個標籤，則每個標籤前都要加#號。

轉寄現有郵件：

　　如果想要將現有的信件存入Evernote，只要直接利用上述方式將email轉寄到個人信箱即可，而郵件內的附件也會直接作為記事附件一併匯入。

Windows Office Outlook一鍵匯入郵件：

　　至於Windows Office Outlook的用戶可以看到 🐘 新增至 Evernote 的按鈕，表示這封email可直接匯入Evernote成為一則新記事；我們也可以複選多篇信件一次匯入，而每封信都會單獨成為一篇記事，至於信件中夾帶的附件也會一併匯入Evernote中。

前進
- 如果要設定多個標籤，則每個標籤前都要加#號。
- Outlook用戶可以直接按下按鈕匯入。
- @後的記事本和#標籤名稱必須是已有的，不能新增。

資料匯入方式非常多元！

別忘了收發email有數量的限制

在Gmail的主旨欄依語法填入資料

把email變成記事

將現有郵件匯入Evernote

25 影像編輯和標註

　　想要編輯記事內的圖片，可以利用「開啟」功能，叫出外部圖片編輯軟體，不論是進行去背、調整色溫，只要編輯完成之後按下存檔（圖2），原本在Evernote的圖片就變成修改後的新圖片（圖3），省略重新儲存和匯入新圖片的步驟。

　　不只是圖片，Word、Excel、Power Point等文件亦然；只要透過外部軟體編輯就可以直接將結果回存至Evernote。不過這僅限於Windows及Mac版的Evernote，如果資料是由瀏覽器開啟，就無法直接回存，必須重新匯入一次。

　　Windows桌機版用戶除了可以藉助外部繪圖軟體之外，還能開啟「**標註影像**」的功能。它會另開視窗讓我們標註影像（見下圖），包括箭頭、文字、矩形、圓角矩形、橢圓形、直線、戳記圖章、反白、像素化（馬賽克）和裁切尺寸，標註完成後就能回存到原圖檔。如果我們選用「**標註影像副本**」，那標註完成的影像將會變成新的記事，原圖檔將不受影響。

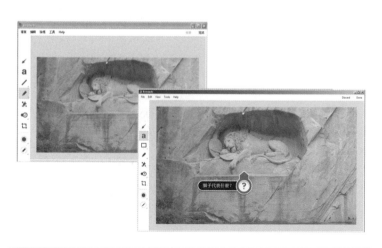

前進
- Evernote可與外部編輯軟體搭配。
- 修圖、加入方程式這類工作可交給外部軟體處理。
- 上傳簡報檔時別忘了一併上傳相關影音檔。

進階編修圖片需仰賴外部軟體

影像編輯和標註

（圖1）開啟外部軟體或開啟圖片標註功能

（圖2）在外部軟體中編修圖片

（圖3）直接取代原來的圖片

26 一個都不能少！就靠備忘錄

Evernote既然是記事本，當然能夠肩負「備忘」的任務。通常我們在製作備忘錄時，會將一條條待辦事項列出，每當完成一項，就將該項目槓掉，缺點是外觀看起來可能會雜亂不堪。

如果這是一件經常需要重複執行的工作，例如一天服用五次藥物的記錄表，或是經常出差的人需要一份物品備忘表，就可以利用備忘錄進行管理。

所謂的待辦事項核取方塊（checkbox）就是在每個待辦項目之前加上 ▢ 方塊，項目完成後就可以核取（勾選）成為 ☑ 。

利用核取方塊製作備忘錄的優點在於能夠重複使用，能夠設定提醒功能，還能利用搜尋語法進行搜尋。

搜尋語法：

- 「todo:true」：找出已部分完成（或全部都完成）的備忘錄，亦即找出至少有一個方塊被核取的記事。
- 「todo:false」：找出尚有未完工作的備忘錄，也就是至少有一個方塊未被核取的記事。
- 「todo:*」：*表示檢索詞，例如「todo:cream」表示要找出待辦事項當中有cream字樣的記事，如果清單上的所有任務都已經完成，則不會顯示。

至於畫面中的 未完成的待辦事項 按鈕表示目前搜尋的對象為含有未完事項的備忘錄，如果按下這個按鈕就會取消這個條件，變成搜尋所有記事，把搜尋語法「todo:」取消。也就是原本輸入「todo:cream」，按下 未完成的待辦事項 按鈕後就變成「cream」，亦即針對所有記事（非僅針對備忘錄）進行搜尋。

前進
- 利用核取方塊可將Evernote變身為備忘錄。
- 可以輕鬆找出還有哪些未完成的待辦事項。
- 核取方塊讓畫面簡潔且便於管理。

核取方塊也有專用搜尋語法

Q ▼ todo:cream ✕

搜尋記事中有尚未完成的待辦事項，且內容有cream 這個字。

一個都不能少！就靠備忘錄

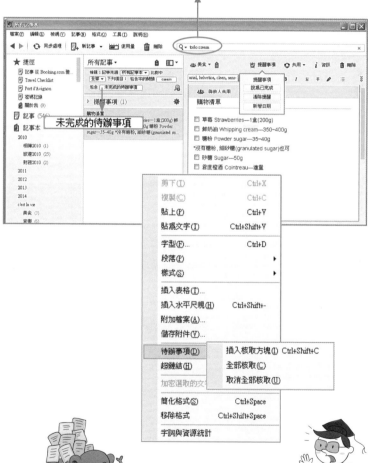

剪下(T)	Ctrl+X
複製(C)	Ctrl+C
貼上(P)	Ctrl+V
貼為文字(T)	Ctrl+Shift+V
字型(F)...	Ctrl+D
段落(P)	▶
樣式(S)	▶
插入表格(T)...	
插入水平尺規(H)	Ctrl+Shift+-
附加檔案(A)...	
儲存附件(V)...	

待辦事項(D)		插入核取方塊(I)	Ctrl+Shift+C
		全部核取(C)	
		取消全部核取(U)	

超連結(H)	
加密選取的文字	
簡化格式(S)	Ctrl+Space
移除格式	Ctrl+Shift+Space
字詞與資源統計	

59

27

超連結讓你要什麼有什麼

　　超連結可以應用於生活中各種大小活動：假設我們準備要出國旅遊，為了避免遺漏而編寫一篇旅遊備忘錄，就可以詳細列出各個備忘事項，並且建立超連結。例如「機票」連結電子機票檔案、「住宿」處連結訂房記錄檔案、「活動」處連上球賽或音樂會的訂票記錄。如此一來，不但備忘錄井然有序，相關資料也能有條不紊地與備忘錄連結。

　　Evernote記事的儲存位置分為：1.儲存在雲端，也就是儲存在Evernote遠端伺服器上，因此每一篇記事都有自己的URL；2.儲存在電腦裡，也就是我們的PC或筆記型電腦，因此每一篇記事都有儲存位置（例如D:\Itineraries\2014SFO）。當我們需要調閱資料時，就可以將記事的位置以超連結的方式與備忘錄的文字結合。

1. 連結到記事的專屬網址

　　Evernote的每一篇記事都有一組雲端網址，有這組網址可以讓我們在任何地方開啟這篇記事，因此只要將網址以超連結的方式與文字結合即可。

2. 連結到本機的位置

　　如果希望離線時也可以閱讀記事資料，就可以連結記事在本機的位置，方法是在工具列上點選「記事」選單，再選擇「複製記事連結」，就會自動記憶記事所在的路徑。

設定超連結的步驟

　　首先，複製文件的所在位置（或URL），接著回到備忘錄，選取一段要加入超連結的文字，然後按下「格式」、「超鏈結」、「新增」，再將剛才自動複製的位置（或URL）貼在空格處即可，被選取的文字會變成藍色並加上底線，這就表示超連結設定已經完成。

　　☞ 小技巧：超連結的應用可見本書第21節。

前進

● 資源地址可指網址（URL）或資料儲存的位置。
● 建立綿密的超連結以便隨時參照相關資料。
● 除了連結雲端記事，也可連結本機文件。

設定超連結的步驟

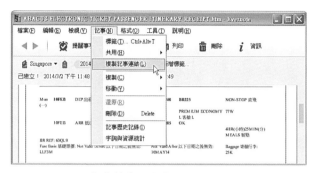

先複製電子機票的所在位置

選取「機票」文字並貼上剛才複製的網址

點下「機票」就能連結到電子機票檔案

超連結讓你要什麼有什麼

28 加密，讓記事更安全

記事本可以記錄各種資料，包括完全不想讓人看到的機密資料，如：帳號密碼、通訊錄、財務記錄；也有希望能與他人分享的資料，如：照片、個人創作等。但有時一整篇文章只需保留部分資料不對外公開，此時就可以利用加密的功能，將保密部分加以隱藏。

將需要加密的文字用滑鼠選取後，按下滑鼠右鍵選擇「加密選取的文字」，接著Evernote會要求我們輸入一組解密用的密碼，這樣就完成了。

加密的段落會出現一個密碼鎖的圖示 🔒▨▨▨▨▨▨ 或 ••••••••▼ 、 ••••••• ，想要閱讀必須輸入密碼才能解鎖。如此一來，即使我們暫時離開電腦，或有人借用手機，重要內容也不會不小心外洩。

目前除了文字之外，圖片、影片、表格等是無法加密的，如果整篇記事都是文字，那麼也可以整篇文章都進行加密保護。

至於加密過的記事能與他人共享嗎？當然沒問題，然而「透過電子郵件傳送」的資料不會出現密碼鎖，對方只能讀到沒有被加密的文字，無法閱讀被隱藏的部分。

如果我們提供對方「記事的URL」，對方就可以直接連結記事，而且必須得到密碼才能開啟被隱藏的文字。由於共享記事的網址（URL）與我們的記事同步，如果我們將原本加密的文字進行永久解密，那麼對方原本需要密碼才看得到的部分也會自動變成可以閱讀。

如果希望不同的記事使用不同的密碼，例如A記事本用一組、B記事本用另一組，只要在加密時輸入不同的號碼和提示文字即可。

要找出記事本中哪些記事有加密保護，只要在搜尋框中輸入：「encryption:」即可。

前進
- 加密功能僅針對記事，不可針對記事本。
- 只有文字部分可以加密，圖片表格等無法加密。
- 即使與他人分享記事，也同樣可以使用加密功能。

每篇記事可以選用不同的密碼

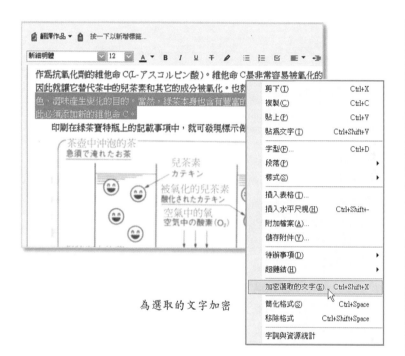

為選取的文字加密

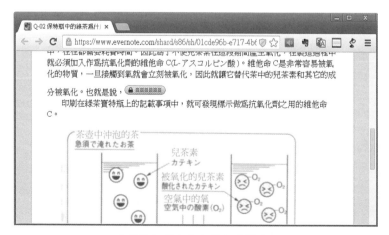

分享的記事也會出現密碼鎖圖示

加密，讓記事更安全

29 與他人共享記事資料

儲存在Evernote的資料除了自用之外，還可以與他人共享，其方法有5：

1. 透過電子郵件傳遞

只要填入電子郵件地址就可以將單筆記事當作一封email寄出。如果內容中含有PDF檔、圖檔、音訊、視訊等附件，就會當作附件傳送。若要分享給多個收件者，只要在填入電子郵件地址時，以分號（；）區隔不同的地址即可。

2. 張貼至Facebook

我們可以將一則記事當作一項Facebook的動態與朋友分享：例如將旅遊計畫貼在Facebook，同行的朋友只要點選Facebook貼文，就會開啟旅遊計畫的網頁。即使張貼的是應用程式也沒有問題，朋友一樣可以透過貼文到網頁下載。在個人隱私方面，貼文前會先詢問公開的程度，例如僅限朋友才能閱讀等。

3. 張貼至Twitter

同樣地，記事也可以發布至Twitter，讓follower立刻掌握最新動態。

4. 張貼至LinkedIn

LinkedIn雖然也是社交網站，但內容和成員是以個人資歷、專業為屬性。

5. 複製記事URL至剪貼簿

透過複製記事的專屬網址，我們可以將這個網址寄給他人，或是貼在自己的部落格上。

要知道某項記事是否已經設定為共用，可以看看原本黑色的圖示（Mac 圖示）是否變成藍色。要取消資料共用也很簡單，只要按下「停止共用（stop sharing）」即可。

前進

- 用Email寄送Evernote手寫記事會變成.ink檔不易開啟。
- 分享的記事僅供對方開啟和讀取，不能修改。
- 共用的記事會以藍色 清楚標示。

即使是軟體程式也能與朋友共享

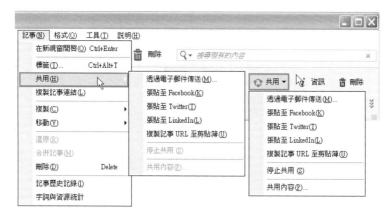

Windows的「共用」按鈕

（一般工具列及記事編輯器工具列 ）

Mac的「共用」按鈕

（一般工具列及記事編輯器工具列 ）

與他人共享記事資料

30 共用記事本

資料僅開放他人瀏覽還不夠,如果能讓他人參與編輯就更自由了。與前一節不同的是,本節介紹的共享方式是以「記事本」為單位,而非以「記事」為單位開放共用及編輯。

對他人開放共用

首先按下左側面板的記事本,按下滑鼠右鍵,在選單中點選「共用記事本」,就可以選擇開放對象。

1. 「建立公開連結」表示任何人都可以閱覽這本記事本,此時只要填入想要在哪裡公開(填入網址)即可。
2. 「與個人分享」只要填入對方的電子郵件地址;若人數為一人以上,則每組地址之間以逗號(,)分隔即可。此時我們也可以分別開放不同的權限為:**檢視記事、檢視記事與活動、修改記事和修改與邀請其他人。**

收到共用邀請

受邀的人會收到email通知,只要按下「開啟共用記事本」的連結就會進入記事本網頁,Evernote會先詢問我們要「加入記事本」或是「檢視記事本」,區別在於:

1. **加入記事本**:需要登入帳號,將這本共用記事本匯入自己的Evernote中,和我們自己的記事本並列;我們可以在此瀏覽、存取、編輯、同步(視對方開放的權限而異)。
2. **檢視記事本**:不需要登入,直接可在網路上檢視記事資料。

記事本內的記事會在編輯器出現圖示;要檢視我們目前到底有幾本共用記事本,只要按一下資訊面板的「記事本」圖示就能展開所有記事本,並且可以看到哪些是由我們分享出去、哪些是別人分享給我們的。

前進

- 記事本堆疊無法共享。
- 開放共用前應先確認是否同時開放編輯權限。
- 專業版用戶才可開放共同編輯功能。

可以開放整本記事本的編輯權限

對不同對象開放不同的權限

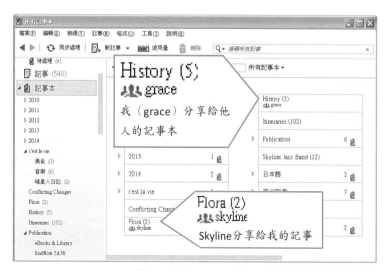

檢視開放共用的記事本

31 與Google產生連結

　　想過嗎？一個Google帳號能給我們多少免費服務？Gmail、地圖、日曆、圖書、學術搜尋、YouTube、部落格、G+社群網站、Chrome瀏覽器、Picasa、翻譯、雲端硬碟；Android系統用戶更佔行動用戶的八成，我們已經習慣了依靠Google幫我們解決生活上大大小小的問題。

　　同時間其他網路服務也朝著與Google服務共榮的方向產生連結，例如App Store有許多雲端列印App針對Google雲端硬碟開發出連結各型印表機的驅動程式，許多開發者也利用Google地圖API開發出各種好用的應用程式，也就是加值現成的Google服務，讓它變得更適合自己的產品。

　　對Evernote來說，Google能提供的幫助之一就是為用戶找出聯絡人。由於我們通常不會去記憶某人的email地址，而多將他人的email存在通訊錄中，Google的通訊錄可同時儲存手機號碼和email，廣受大眾採用，因此Evernote如果能夠直接連結到我們的Gmail通訊，就可免去我們尋找email的問題。

　　首先，在「我的帳戶頁」中點選「已連結的服務（connected services）」，接著啟動與Gmail的連結，這表示允許Evernote存取Gmail的通訊錄，連結之後當我們要以email分享記事時，Evernote就會自動出現Gmail的連絡人清單供我們點選。

　　這項功能只在「已連結」的狀態下有效，而且必須在瀏覽器版的Evernote環境才會出現備選聯絡人，在手機或是桌機版本是不會出現的。

● 許多網路服務可與其他服務互相支援。
前進 ● 一個帳號走天下是未來的趨勢。
● 直接在選單中挑選要分享的朋友即可。

連線的功能可隨時開啟和關閉

← → C 🔒 https://www.evernote.com/ConnectedServices.action

EVERNOTE

👤 帳戶

帳戶摘要

個人設定

提醒事項

⬆ 取得更多

Evernote 點數

已連結的服務

Google

與 Google 連線以便與朋友輕鬆共用。

連結

將Evernote服務連結至Google

已連結的服務

✓ 已成功連線至 Google

Google

已連結

與 Google 連線以便與朋友輕鬆共用。

已授予存取權 2014/3/1 10:01 PM

中斷連線　　　續訂

以電子郵件傳送「Kuang seafood 光海鮮」記事　✕

傳送至：

|

Richard Li
　　@gmail.com

舒婷
　　@gmail.com

Grace L
　　@hotmail.com

取消　　　電子郵件

寄送郵件時會自動出現備選名單

32 同步頻率和衝突的變更

Evernote是一個雲端軟體，也就是依靠網路將同一用戶的所有裝置保持內容一致，當其中一個裝置更新資料後，Evernote雲端伺服器會同步這些資料，當其他裝置連上雲端進行同步時，這些裝置資料就會被更新。系統設定的同步頻率相當頻繁，約幾分鐘就會同步一次，資料幾乎永遠保持新穎，更保險的方式就是自己按下 ↻ 同步按鈕，以確保記事已經被上傳到Evernote伺服器。

Windows桌機版要設定同步頻率可以在「工具」→「選項」→「同步處理」的對話框中，勾選「自動同步處理」，並選擇頻率（15分鐘／30分鐘／每小時／每天）。

Mac桌機版可於「Evernote」→「喜好設定」→「同步處理」對話框中勾選頻率（5分鐘／15分鐘／30分鐘／每小時）。

然而，正由於Evernote記事可跨裝置、可與他人分享，因此也會在同一段時間、對同一篇記事、在不同裝置上被修改。這樣的情況對Evernote伺服器來說很明顯是在修改時發生「衝突」，造成無法確定應該保留哪一份修改，因此系統會自動在桌機端產生一個「Conflicting Changes」（衝突的變更）記事本。

為了統一版本，我們應該將儲存於本地電腦端的原始記事與衝突記事加以比對，完成校對修改後就可以刪除「Conflicting Changes」內的記事，甚至直接刪除衝突記事本。

比對Word文件的方式可以參考〈57利用Word比較和合併多篇記事〉。

如果要保留「Conflicting Changes」的記事，可以利用拖曳將它移動到其他記事本即可。

前進
- 建立記事本時需設定為同步的記事本。
- 離線時修改記事會被視為Conflicting Changes處理。
- 刪除Conflicting Changes前應先檢視再決定保留或補充。

衝突的記事本是由Evernote自動產生

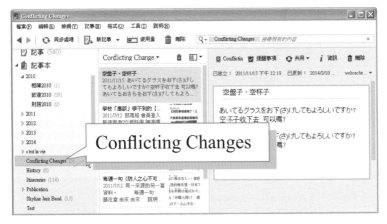

Conflicting Changes

「衝突的記事本」由Evernote自動產生

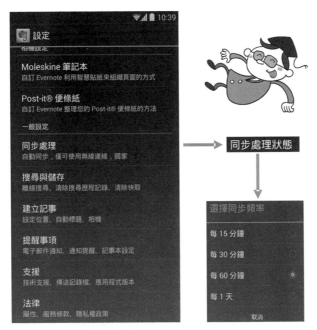

同步處理狀態

透過Android手機設定同步頻率

33 關鍵字與搜尋語法

要迅速地在筆記本中找到需要的資料，除了利用安排得宜的分類之外，記事的標籤也是快速尋找資料的途徑之一，此外，Evernote還提供搜尋功能幫助使用者找到需要的資料。

1. 關鍵字搜尋

由工具列找出搜尋記事的選項就可以在搜尋框中填入檢索詞（search term），例如填入Thailand，Evernote就會找出所有內容中含有Thailand一詞的記事。Evernote能支援多國文字，中文當然也可以檢索。

如果要輸入多個關鍵字，只要每輸入一組後空一格，再輸入下一組即可。例如：「Thailand baht」即表示搜尋條件為Thailand和baht必須同時存在於一則記事當中，順序不拘。

2. 搜尋語法（Search Grammar）

(1) 如果用雙引號（" "）限定兩個以上的檢索詞，即表示這兩個詞必須相連。例如"train ticket"表示train和ticket之間不能出現其他字詞，必須成組出現。

(2) 可使用截切（truncation）符號（*）代替未完的字母，例如輸入「ever*」可以找出以ever開頭的單字，如everyday、evernote，但不會找到forever。同時，截切符號不能取代單字的中段，例如「ever*ote」。

(3) 可排除特定條件；為了讓檢索更精準，還有另一項搜尋技巧。若在檢索詞前面加上一個減號（-）就表示排除這個詞組。例如「airplane-airbus」表示要尋找包含airplane但不要出現airbus的記事。要找出不帶有標籤的記事可以在搜尋框中填入「-tag:*」即可。

3. 在記事內搜尋

至於要搜尋單則記事裡面的字詞，可在選單中選擇「在記事中尋找」即可；但這個搜尋框只能填入一個檢索詞。

前進

- 利用搜尋語法可以找到較精確的資料。
- 截切符號（*）可以取代未完或未知的字母。
- 輸入單數名詞（例：egg）可以找到複數名詞（例：eggs）。

搜尋語法可參考本書附錄！

利用「搜尋語法」可找到更精準的資料

搜尋記事的方法

搜尋整個Evernote資料庫（搜尋記事）

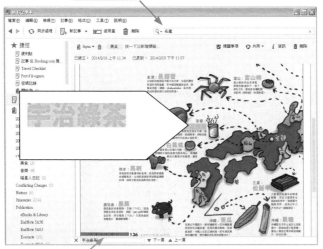

搜尋這篇記事裡面的文字（記事中尋找）

34 Mac能搜尋得更仔細

前面提到如何利用Evernote搜尋語法精確地找到我們需要的資料，事實上我們可以對搜尋的條件做更進一步的限制。

在搜尋框選單下方有個 （新增搜尋選項 ↕）按鈕，按一下展開清單就可以：

記事本：限定只搜尋某個記事本。

標籤：限定只搜尋含有某標籤的記事。

包含：限定必須包含某些資料特徵。

來源：限定記事來源為網頁、email…。

已建立、已修改：限定記事的日期區間，

以下圖為例，搜尋的記事必須：含有wine和cream這兩個字，不可以出現paris這個字，而且記事必須包含影像檔。

若將來我們還會使用同樣的檢索字串和語法來搜尋資料，不妨將搜尋條件儲存起來，變成「儲存的搜尋」（saved search），下次就不用再輸入一次。有時這組關鍵字可能是好幾個名詞、語法的組合，十分冗長，那麼我們還可以為這組「儲存的搜尋」取一個好記的名字，下次就不用大費周章重複同樣的工作．

● 搜尋記事不只靠關鍵字、還可加入其他條件。
● 資料的日期、附件、來源都能用來篩選資料。
● 將搜尋記錄儲存起來，下一次就不用重複輸入。

Evernote有許多幫助搜尋的貼心功能

在搜尋框輸入關鍵字，並使用搜尋語法「-」號，表示記事中不要出現paris這個字。如果我們經常要使用這組關鍵字，就按下「新增搜尋選項」，把這次的搜尋儲存起來。

還可以為這組查詢取一個好記的名稱：Asia's fine wine。

除了關鍵字之外，我們還能再加入更多搜尋條件，讓查詢結果更符合我們的需要；此處加入了新條件：「包含影像」，確定後按下「新增」。

將來在搜尋框準備查詢記事，就可以看到儲存的搜尋「Asia's fine wine」已經列在下方備選，只要按下它，就不用再輸入一次冗長的檢索條件了。若要更改搜尋條件，只要按下「編輯」就可以進行變更。

35 儲存搜尋及文字取代

儲存搜尋條件

前面已經說明如何利用Evernote搜尋語法精確地找到我們需要的資料，如果將來還會使用同樣的檢索字串和語法來搜尋資料，我們可將搜尋條件儲存起來，變成「儲存的搜尋」（save search），下次就可以節省時間，不用再輸入一次。

文字取代

尋找與取代的功能和我們熟知的Word「取代」功能相同，都是以新的字（詞）替換舊的字（詞）。善用「取代」功能，可以讓文件的內容達到統一，並且容易管理，在搜尋的時候不必輸入不同的字串來檢索，例如統一以「射手座」取代「人馬座」。

除此之外，我們還可以利用這項功能補充資訊的完整性，例如以「民國103年（2014年）」取代「2014年」，「鹽（NaCl）」取代「鹽」，如此一來就使原本的資訊更加完整。

取代功能可在功能列的「編輯」選單中選取「尋找和取代」。上方空格填入要替換的字（詞），下方空格填入新的字（詞），再選擇要單筆替代或是全部（在此項記事中）替代。

取代的功能僅能對單一記事中執行，目前尚無法一次針對Evernote中所有的記事進行替換。

| ✕ | 蘭引 | | ▼ 下一頁 | ▲ 上一頁 | ☐符合大小寫 | 符合1個，共4個 |
| | 蘭引(Ranbiki) | | ♫ₐ 取代 | ♫ₐ 全部取代 | | |

前進
- 將搜尋記錄儲存起來，下一次就不用重複輸入。
- 取代功能不只可以替換文字，還可以補充內容。
- 目前尚無法一次替代所有Evernote記事的內容。

Evernote有許多幫助搜尋的貼心功能

善存搜尋及文字取代

$$Q \blacktriangledown \quad \text{wine cream -paris} \qquad \times$$

在搜尋框輸入關鍵字，並使用搜尋語法「-」號，表示記事中不要出現paris這個字。

檢視 2 記事來源 (所有記事本 ▼) 比對中

(全部 ▼) 下列項目： 包含字的開頭 (wine)

(cream) 且非下列任何一項： 包含字的開頭

(paris) 🔍

我們一邊輸入關鍵字，中央的篩選器也會一邊出現相同的關鍵字搭配查詢條件。如果我們經常要使用這組關鍵字，就按下 🔍 放大鏡把這次的查詢儲存起來。

儲存的搜尋內容

名稱(N)：

Asia's fine wine

查詢(Q)：

wine cream -paris

(確定(O))　(取消(C))

還可以為這個查詢取一個好記的名稱：Asia's fine wine。

將來在搜尋框準備查詢記事，就可以看到儲存的搜尋已經在下方備選，不用再輸入一次了。

36 為記事建立捷徑

「最近在忙什麼？」

「還不就在忙那幾件事嗎！」

經常要處理的事件，就利用「建立捷徑」功能把常用的工作放在左上方的「捷徑區」，或放在手機桌面，輕輕鬆鬆就可開啓，節省搜尋的時間。

1. 記事本捷徑

直接將記事本拖曳到捷徑區，或點選「記事本」名稱後，利用滑鼠右鍵叫出選單，選擇「新增至捷徑」即可。

2. 建立標籤捷徑

直接將標籤拖曳到捷徑區，或點選「標籤」名稱後，利用滑鼠右鍵叫出選單，選擇「新增至捷徑」即可。

3. 建立「儲存的搜尋」捷徑

前一節提到如何建立「儲存的搜尋」，現在我們也能將「儲存的搜尋」拖曳到捷徑區，讓搜尋記事更加便利。

4. 用手機建立單篇記事捷徑

(1) 用手指點選記事名稱，稍停一會兒會出現動作選單，選擇「新增至首頁螢幕」，就可以在首頁螢幕中看到這個記事捷徑。

(2) 如果不選擇「新增至首頁螢幕」而選擇「新增至捷徑」，那麼這個捷徑將出現在桌機版左側「資訊看板」的捷徑中。

不需要的捷徑可以用滑鼠取消，也就是按滑鼠右鍵叫出選單，並點選「從捷徑移除」即可，此時移除的只是捷徑本身，並不會刪除記事本身。

前進

● 刪除捷徑並不會真正刪除記事。

● 如同電腦桌面捷徑，可加快讀取資料的時間。

● 單篇記事、搜尋結果和標籤都可以建立捷徑。

常用的資料才需要建立桌面捷徑

在手機桌面上建立捷徑

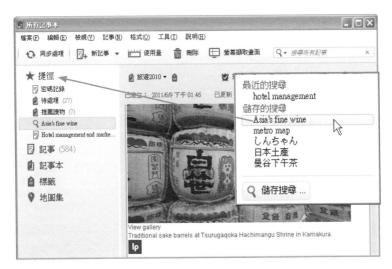

將「儲存的搜尋」拖曳到捷徑區

37 圖片裡的文字也可以辨識

Evernote不僅可以搜尋一般文件內的文字，還可以辨識（recognize）圖片內的文字。

應用上，讓一般人相當頭痛的名片管理，透過相機或是掃描器輸入影像後，Evernote就可以辨識其中的文字，讓搜尋管理超便利，因此也可當作**名片管理**或**會員卡**、**貴賓卡**管理之用。

此外，文字辨識功能也是**上課開會**不可缺少的好用工具。例如將重要的資料拍攝下來，將來要調閱資料時只要輸入關鍵字，這些重要畫面都能輕鬆調閱。

這也是**旅遊記事**的好幫手。假設在洛杉磯的Hollywood Sign前拍照留念，當照片上傳後，只要我們輸入Hollywood就可以找到這張照片，即使照片角度歪斜也沒問題。

我們也可以記錄**商品的有效期限**：由於很多調味料、保養品的有效期限列印在標籤上，但隨著時間過去，很容易就模糊，現在只要拍攝商品和日期保存在Evernote就相當容易查詢。3C產品和家電用品的**序號和保固期限**也是，只要拍著照放在Evernote，就再也不用擔心。

不只是印刷文字可以辨識，**手寫字**也OK，但「手寫記事」的文字無法被辨識，必須存成圖檔再匯入Evernote中。

這項辨識服務不只支援專業版，免費版也同樣支援圖片文字辨識。只要用戶將圖片上傳一陣子，Evernote會自動對內容進行辨識，辨識過程完全不妨礙用戶進行其他工作。

Evernote雖然能夠找出辨識到的文字，但是無法加以複製轉貼到其他文件上使用。要複製圖片裡的文字請參考第66節。

前進

- OCR的功能無法由用戶決定開啟或關閉。
- 資料太多來不及寫？拍下來就好。
- 專業版用戶的圖片辨識可在數分鐘內自動完成。

只要幾分鐘的時間就可以完成圖內文字的辨識工作！

手寫字體也能輕鬆辨識。

可以檢索圖片裡的日文，漢字也OK

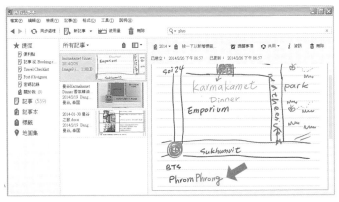

即使是手寫字也能辨識（反白表示）

38 PDF的文字辨識規則

Evernote能夠辨識PDF檔案內的文字，對於資料管理有很大的幫助，我們可以將手邊的PDF檔上傳到Evernote，或將文件掃描成PDF檔，將來就能輕鬆搜尋內容。

為了降低系統負載，Evernote規定一份PDF文件只有前100頁會被處理，同時也僅以兩種語言對每個用戶上傳的資料進行辨識。這是因為用戶常用的語言不超過2種，如果一份資料要用21種語言一一辨識會浪費太多時間和資源。

假設我們上傳的圖片或PDF檔多為繁體中文和英文，我們就可以在帳戶頁的「個人設定」畫面進行設定，設定完成後，要等待48小時後才會正式生效。這項設定隨時可以更改，即便以後有其他語言需求也不用擔心。

為了提高辨識度，圖片的品質非常重要，當然dpi（dot per inch）愈高愈清晰，然而將圖片品質或掃描品質設定在300dpi左右就能達到很好的效果。除了雜訊低之外，字和背景的顏色也盡量不要太雜亂、太相近。如果我們僅是掃描一份簡單的文字文件，最好選擇黑白掃描，不但節省上傳空間又比較容易辨識。

總之，資料必須完全符合以下條件Evernote才會接受處理：

1. PDF文件需少於25MB
2. 掃描件少於100頁
3. 需為Evernote尚未辨識過的文件
4. 必須是沒有加密（encrypted）的文件
5. 必須是非手寫的文件

要如何知道Evernote已經辨識完成一篇PDF？只要在PDF檔上面按下滑鼠右鍵，如果出現「儲存可搜尋的PDF」，或是在工具列「記事」→「字詞與資源統計」，如果看到「含Evernote OCR的PDF文件」旁邊已經有了完成篇數的數字，就表示已經辨識完成。

前進

- 僅專業版用戶享有PDF文字辨識的服務。
- 每次上傳的資料可被兩種語言辨識。
- 以單色掃描普通文件效果好且不佔容量。

PDF檔能避免資料、版型被修改！

Evernote的文字辨識能力頗高

到個人帳號網頁設定文字辨識的語系

看到「儲存可搜尋的PDF」選項，表示已經辨識完成

83

39 時光機器—保留過去版本

同一件記事經過不斷修改，加上共享時讓他人修改，會產生多種版本。要查閱原始版本或想知道歷次版本有何不同，就要調閱「歷史記錄」。

Evernote只會顯示最新版本的記事，但過去的版本並不會消失，只要按下記事編輯器工具列上的資訊按鈕 i ，就可以看到「歷史記錄」。

展開歷史記錄，所有的版本會依照日期排列，要閱覽某日期的版本，只要按下「匯入」，這項記事就會被匯入「匯入的記事」記事本中。

由於Evernote每天會同步更新多次，但我們不會知道資料在哪種狀態下、甚麼時候被記錄下來，為了要確保某版本已經被Evernote儲存為一個獨立保存的版本，最好利用手動方式將記事匯出，變成Evernote匯出檔（副檔名為 .enex），即使Evernote沒有複製到這個版本，我們也可以自行將它匯回Evernote（參考本書第11節）。

要進行匯出和匯入的動作只要在功能列選擇「檔案」、「匯出」即可，在檔名的命名上我們可以加上版次、日期、或執筆人幫助分類。而「匯入」的功能就是將匯出的檔案匯回Evernote，讓這個版本的記事與最新版本並列在記事清單中。

然而新舊版的記事到底有哪些更動呢？我們可以將記事內容貼在Word文件內，儲存成不同的兩份文件，再利用Word的「校閱」功能比對兩份文件的相異之處（見本書第57節）。

前進
- Evernote每天會自動為更動過的記事進行存檔。
- 使用者可隨時調閱歷次記錄。
- 利用匯出功能可自行儲存特定版本的記事。

新舊版本的資料會並存於Evernote

i

標題：	Travel Checklist
記事本：	📖 旅遊 ▼
標籤：	📎　to be checked　　travel information　　⋙
已建立：	2011/6/15 下午 11:07
已更新：	2014/2/25 下午 10:02
URL：	file:///D:\Itineraries\Travel%20check%20list.doc ▼
位置：	台北市, 台灣 ▼
作者：	按一下以設定作者...
最後一次的編輯為：	
同步處理狀態：	34 分鐘前完成同步處理
附件狀態：	沒有要編製索引的附件
歷史記錄：	檢視歷史記錄

記事歷史記錄

2014年2月25日 下午10時02分17秒格林威治標準時間+08:00 (目前的版本)	匯入
2014年2月25日 下午10時02分18秒格林威治標準時間+08:00	匯入
2014年2月20日 下午07時30分46秒格林威治標準時間+08:00	匯入
2014年2月19日 下午03時51分23秒格林威治標準時間+08:00	匯入
2013年4月19日 上午11時31分59秒格林威治標準時間+08:00	匯入
2012年4月29日 上午12時41分31秒格林威治標準時間+08:00	匯入
2011年9月7日 上午12時21分45秒格林威治標準時間+08:00	匯入
2011年8月31日 下午09時06分47秒格林威治標準時間+08:00	匯入
2011年8月29日 下午10時22分47秒格林威治標準時間+08:00	匯入

列出歷次的記事版本

時光機器──保留過去版本

用手寫過才有感覺

　　許多成功的人都說過這句話：「用手寫，感覺才會出來。」這是因為閱讀和撰寫是兩種不同的活動，閱讀時我們扮演資訊接收者的角色，但撰寫時我們必須用腦去分解、重組資訊，並且重新記憶了一遍，對於將來重複提取資訊、比對資訊有相當大的幫助。所謂的「手寫」並非拘泥於「用手抄寫」的工作，而是指資訊整理的工夫，即使是利用電腦等工具也無妨。

　　為什麼親自動手能有這樣的功效呢？這是因為「隨手塗鴉」這個看似輕鬆不過的動作，不僅僅是接收資料，還必須將資料透過思考重新組合，再利用手部運動傳送出去，所以能深層刺激我們的大腦。

　　由於我們的左腦負責的是邏輯思考，讓我們將看似不相關的零散事件串連出一套規則，至於右腦則是負責創意、影像等抽象的能力，當我們看到一張圖片，就可以聯想到數個至數十個相關的物件；因此，我們可說：「製作筆記」是自己給自己一個進行思考的機會。

　　好比我們每天都可以在網路上看到股票價格、成交量、三大法人買賣超等資料，以及大量的國際情勢、世界經濟等報導。但成功的投資者並非透過每天看一堆流水帳似的資料進行投資判斷，而是透過系統性地整理技巧以判斷應該出手投資或提高警覺心；許多股市達人都是依靠親自掌握財經訊息，慢慢培養出對時事的嗅覺和敏銳度。

　　此外，許多成績優異的學生也都是透過記筆記加強分析、重組的能力，由自己找出事件與事件的關聯性會比由其他人提供現成資料來得更有感覺，不但容易記憶更能觸類旁通，筆記的效益不言可喻。

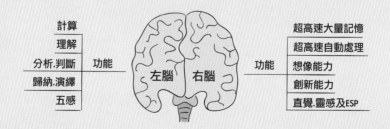

第5章
行動篇—Android

畫 說 Evernote 數 位 記 事 本

40 Android環境和相關設定

Evernote為Android系統設計一個簡潔的中文化介面，集文字、照相和錄音功能於一身。只要在Google Play商店輸入Evernote就可以免費下載。同樣地，要讓它發揮如虎添翼的功能，也可以一併下載Evernote推薦的免費及付費軟體，例如：Skitch、Evernote Food、Evernote Widget小工具、Moleskine筆記本、Post-it®便條紙。

我們知道桌機版的Evernote比網路版和行動版的功能強大許多，然而Android手機版卻也有讓人驚艷的獨有功能：由於Android系統與Google服務緊密相連，當我們建立一則新記事，它會自動檢查Google日曆，並將當天活動做為記事標題，例如日曆上有一則「媽媽生日」，那麼當我們建立一則新記事時就會自動以「媽媽生日」為預設標題，如果不希望兩者產生連結，只要取消「在記事中啟用自動設定標題」即可。

另外，Google 在Android系統內建了功能強大的語音輸入法，也就是用講的就能輸入文字，換句話說我們只要對著手機說話，就能把內容轉換成文字，根本不需動手打字輸入。

我們可對Evernote進行個人化的設定，以勾選方式選擇是否開啟此功能（預設為全選）：

前進
- Evernote App可在Google Play商店免費下載。
- 手機具有許多電腦缺乏的優勢。
- 善用手機管理資料可以節省許多零碎時間。

同步的更新頻率可自行設定！

Android系統是市占率最高的行動作業系統

Grace Pan　　帳戶資訊：可以查詢每月使用
量、設定GPS是否開放、周期所剩天數、在哪些裝
置上使用Evernote…等。

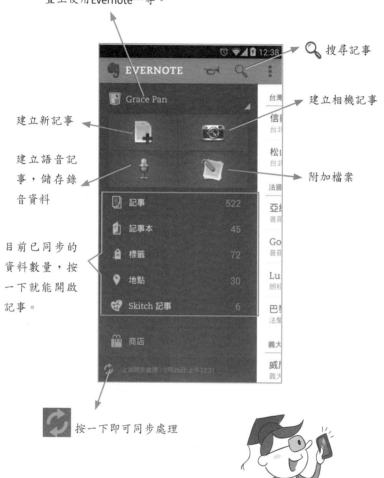

搜尋記事

建立新記事

建立相機記事

建立語音記事，儲存錄音資料

附加檔案

目前已同步的資料數量，按一下就能開啟記事。

按一下即可同步處理

89

41 認識編輯工具

於2011年7月推出的Evernote for Android Tablets適用於Android OS 1.6+以上的作業系統。不只是iPad使用者可以優游於大尺寸的畫面，Android平板電腦的使用者也可以享受這樣的便利和舒適感。

當我們建立一則新記事，可看到一排編輯工具，當工具被點選時會呈現綠色，再點一次就取消；然而拍照和錄音無法同時處理；錄音時按一次麥克風就開始錄音，並有計時器顯示目前進度。別忘了一篇記事有100MB的上傳限制。

不論是手機版或是平板電腦版，兩者的圖示是相同的。

B：粗體字

i：斜體字

U：文字加底線

H：螢光筆

☑：加入核取方塊

≣：數字編號清單

≔：項目符號清單

⏰：提醒

📎：附件

○ Evernote for Android Tablets於2011年7月釋出。
○ Android系統的Evernote可加入核取方塊。
○ 隨著手機錄音格式不同，檔案大小也不同。

圖內的文字都可以被Evernote搜尋

頁面相機和相機的差別在於頁面相機會對拍攝的照片進行修圖，讓主體突出、雜訊降低，並且修復陰影，因此看到的資料比較類似印刷品、影印品，而非相片。由於Evernote可以辨識文字，即使我們對著手寫的文稿拍攝，一樣能得到可搜尋的記事資料。

認識編輯工具

頁面相機

一般相機

利用handwriting輕鬆繪圖+打字

42 建立和編輯新記事

在Evernote建立記事

只要按下 🗐 按鈕就可以建立一則新記事，它可以新增文字記事、相片記事和錄音記事，也能附加其他檔案甚至混合多種素材成為多媒體記事。

一邊輸入文字的同時，隨時按下 🖉 叫出附件選單，就可以利用照相機拍攝照片，並添加在這篇記事當中；同樣地，如果按下「檔案」按鈕就可以附加任何格式的檔案。

在外部建立記事

即使沒有開啓Evernote程式，我們也能在外部建立記事。由於手機儲存了許多資料，當我們發現某個資料應該加入Evernote時，只要點選一個甚至多個檔案，然後利用分享、傳送的功能就可以自動變成一則記事。例如拍了好幾張照片，想要放在Evernote中，只要複製這些照片，利用「分享 ◁」到「Evernote-建立記事」就輕輕鬆鬆變成一則記事了。

更改所屬記事本和檢視方式

要更改存放的記事本可以按下記事本名稱，拉下選單挑選記事本。而記事的檢視方式和排列順序也可以自行設定：

按下「所有記事」後會出現選單讓我們選擇：

1. 檢視方式：摘要檢視、清單檢視。
2. 排序依據：更新日期、建立日期、標題、記事本、城市、國家／地區。

編輯現有記事

已經儲存的記事當然還可以重新編寫，只要按下記事下方的 🖉 圖示就可以進入編輯狀態；然而，即使是同一篇記事，只要經過內容更動後（不論是增加或減少內容），每一次再上傳都會增加上傳的資料量，這影響著帳戶每月上傳限額。

前進

- 用文字、聲音、圖片輕鬆寫遊記
- 任何場合都能儲存重要資訊不遺漏。
- 增刪資料再上傳也會影響每月上傳限額。

只要簡單幾個動作，多媒體內容一次收錄

按下「所有記事」選單可設定「檢視方式」和「排序依據」。

目前記事本的名稱為「趣味測驗」，要換到其他記事本，只要按一下現在的記事本名稱，再選新的記事本即可。

選取一個或多個檔案再傳送到Evernote

43 開啟GPS標示和修改位置

行動裝置容易隨身攜帶到世界各地，只要我們開啟GPS功能，手機就能把我們所在位置記錄下來，因此可以痛快地展開地圖，看看我們在全球留下哪些記錄。

要知道我們在哪些國家或城市建立了哪些記事可以：

1. 在Evernote首頁點選「 地點」，就可以看到每個國家、城市列表，後方數字是記事的篇數。

2. 如果要以地圖模式流覽，就按下方的「地圖 」選項。

假設我們要調閱在法國開會的錄音資料，只要用手指在地圖上滑到法國，就可以看到當地的記事資料；要瀏覽在澳洲旅遊的照片，也只要將地圖滑到澳洲就可以看到各個造訪過的地點。換句話說，我們在大小城市間遊走的記錄都可在地圖上呈現。

至於更改記事位置，只要按下 進入記事編輯頁，再按右上方的 ，由選單中選擇「設定位置」進入Google地圖，而目前所在地會以紅色大頭針圖案 標示，我們可以用手指拖曳來改變大頭針位置。如果不希望本篇記事被標記地點，只要按下「移除大頭針」按鈕即可。

● 好用的記事本應該容納文字以外的記錄形式。
前進 ● 輕鬆找到發生在世界各地的各項記錄。
● 縮小地圖可方便跨國界的移動。

用手指就能滑動地圖並編輯記事位置

輕鬆設定記事地點

縮放比例尺可以看到更精確的記事位置

44 太酷了！語音轉文字！

　　邊走路邊打字實在危險，坐在顛簸的車上也不容易對準鍵盤，用手寫又會歪七扭八，如果自己開車更不可能打字，那麼用講的呢？現在只要利用Android手機就可以將語音轉變成文字，而且連線或是離線都沒問題。

　　Android手機的Evernote畫面中，與語音有關的圖示有這幾項，為了避免混淆，這邊以表列方式說明：

🎤	錄音，利用手機錄製音訊檔。
🔊	語音，加入一個音訊檔做為附件。
💬	語音轉文字，也就是語音輸入功能。

　　錄音的操作方式是按下麥克風就開始錄音，再按一次則停止。每次錄音都是獨立的檔案，下一次的錄音不會接續前一次的錄音，但會同時並存於記事當中。

　　但錄音和拍照無法同時進行，也就是錄音時工具列不會出現相機按鈕。

　　要使用「**語音轉文字**」功能，只要在記事編輯畫面中，按下迴紋針圖示 📎 就能在選單中看到這項功能，此時我們只要對著手機說話，這些內容就會被辨識並自動形成文字內容。

　　這項功能只能在連線的時候使用，若要在離線時也能使用口語輸入，就要安裝「Google語音輸入法」的「**離線語音辨識**」語言套件。下載**Googel語言套件**的途徑為：

　　「設定」→「語言與輸入設定」→「語音搜尋」或「Google語音輸入設定」→「離線語音辨識」，選定需要的語言並安裝即可。

　　回到Evernote，此時不要使用Evernote 💬 語音轉文字功能，改用Google的語音輸入來替代即可。

前進
- 語音轉文字讓輸入更輕鬆。
- 錄音同時可以打字，但無法拍照。
- Google離線語音辨識套件在飛機上也能使用。

Android手機有兩種語音轉文字的選項

💬 Evernote的語音轉文字按鈕，此功能僅限網路連線狀態才可使用。

🎤 Google的語音轉文字按鈕，連線可用，離線也可用；只要下載「離線語音辨識」套件後，即使離線也沒問題。

Evernote語音輸入的停止鍵。

Google語音輸入的停止鍵。

太酷了！語音轉文字！

45 離線？照樣玩！

在飛機上或是沒有網路的地方一樣希望能編輯Evernote裡面的資料嗎？沒有問題，只要我們開啓離線記事本的功能就可以辦得到。

1. 建立記事：即使手機離線，要建立新記事也一樣按照正常步驟即可。不論是編輯文字記事、錄音記事或是速拍記事都沒有問題，只要下次連網時，進入Evernote，再按下「同步處理」鍵就會自動開始與網路同步。

2. 讀取／編輯記事：但要閱讀甚至要編輯記事，就必須確定這些內容已經被儲存在手機裡，這種情況包括：

   (1) 以**手機開啓過的記事**會自動以快取（cache）的形式儲存在手機記憶卡內，即使後來手機處於沒有網路的狀態下，資料一樣可以開啓。

   (2) 由**手機建立的記事**。例如將手機內的照片上傳成為Evernote記事，當手機離線後，這些資料一樣儲存在手機當中，無須由網路下載，因此依然能夠使用。

   (3) **設定離線記事本**。為了確定某些記事本能夠提供離線使用，最好的方法就是直接設定。進入記事本畫面，按下 ↓ 圖示，進入「離線記事本」勾選畫面，選擇要離線閱覽的記事本並按下左方的 ↓ 即可。勾選之後，Evernote會自動下載記事內容（包含附件）至手機。

由於免費版的用戶無法設定離線記事本，因此可以採用方法2，也就是將資料開啓一遍，讓它成為手機內的cache資料即可。但這種作法非常耗時。相對的，當我們清理手機快取資料，就會清除離線記事本，並釋放手機儲存空間。

前進
- 在飛航模式離線的情況下一樣可以處理事情。
- 連線時記得按下同步處理，即可確保同步。
- 離線記事本是以記事本為單位。

手機容量愈大，能離線使用的檔案愈多

選定並下載離線記事本的內容

開啟過的記事會儲存在快取資料區

46 用Skitch掌握地圖資料

對行動裝置用戶來說，它不只是手寫、手繪的筆記工具而已，它還結合了Google地圖，讓資訊處理的深度又到另外一個等級。

簡單看一下Skitch的首頁，就能了解它能處理的資料包括：

· 標註PDF檔
· 拍照後可以繪圖、加文字
· 選擇手機內的圖像進行編輯
· 利用Google Map擷取部分地圖進行編輯
· 編輯擷取的網頁畫面
· 開啟空白的畫面手寫、手繪

我們可以開啟網頁資料或地圖資料，讓Skitch擷取手機畫面，然後透過編輯工具後製處理。例如：擷取地圖後，用框框標示餐廳位置，再蓋上「注意」戳章寫上聚會時間。也可以利用Skitch拍攝文件資料再編輯，例如室內設計師寄來一份設計圖，我們可以拍攝設計圖後利用Skitch的箭頭指出問題，並輸入文字與設計師溝通。

處理完成之後，這些資料可匯入Evernote中變成一則記事，然後透過「共用」或email傳送給相關者處理。

前進
○ 出門在外，手寫手繪也OK！
○ 搭配Google地圖規劃路徑、標示地點超方便。
○ 隨時都能應付各種格式的資料。

各式各樣的手寫手繪軟體任人挑選

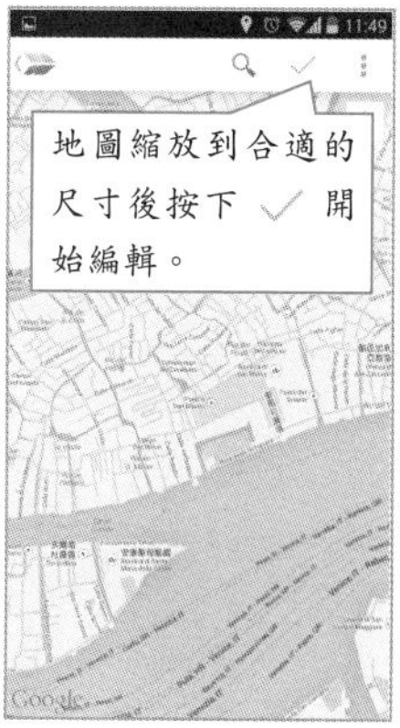

地圖縮放到合適的尺寸後按下 ✓ 開始編輯。

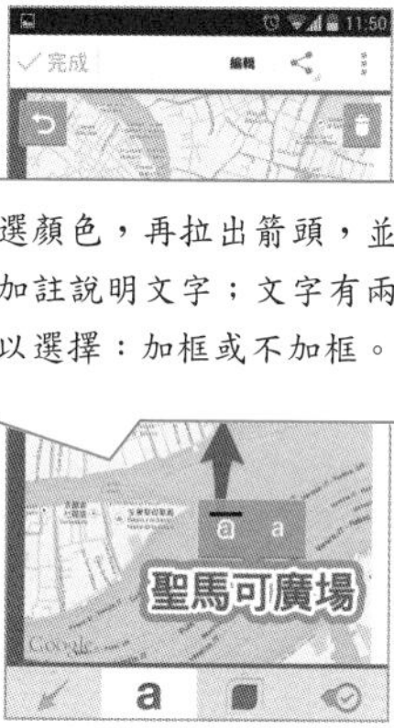

完成
編輯
聖馬可廣場

先挑選顏色，再拉出箭頭，並在箭頭下加註說明文字；文字有兩種風格可以選擇：加框或不加框。

加入箭頭、框、線等標記	改變文字、線條的顏色
加入說明文字	蓋上顯眼戳章並加入文字說明
調整筆觸、線條粗細	

完成
編輯
注意漲潮時間
聖馬可廣場

蓋上警告(！)戳章，並在標籤處寫上說明文字。

：在標籤上填入說明文字

：標明此事項已經完成

不要小看失敗的筆記本

筆記本是幫助我們邁向成功的工具，但不保證我們會一步登天，路上難免有錯誤或是白忙一場之處，如果我們從來不花時間檢討，那麼難保不會重蹈失敗的覆轍。

以個人收支記錄為例，很多人都有記帳的習慣，目的是為了幫助我們了解財務分配以及規劃未來。但如果我們的帳務記錄僅止於記下每天的流水帳而不定期檢討，對個人財務管理是沒有幫助的。

許多專家告訴我們：設定一個稍有難度的目標（例如擁有人生第一桶金）是有益的。然後將目標拆成多個子目標（如每月定期定額多投入3千元），再每隔一段期間（如一季）檢視一次我們是否距離目標更近一步，如果「是」，除了繼續保持下去之外，還可思考是否有更好的方法可加快速度（例如轉換投資標的）；如果「否」，那麼就應該檢討原因並且改善（例如計程車費或娛樂費用過高）。

至於各種企劃活動亦然，在規劃之初可以善用九宮格思考法、心智繪圖法設想各項情境並激發創意，接著透過任務分配和流程管理逐步完成整個活動。在活動結束後必定要回過頭來檢討，哪些步驟發揮了很好的效果、哪些步驟產生了反效果，經過檢討後的筆記才能夠對未來有所幫助。

除了以上兩種筆記本之外，常見的筆記本還有記錄運動與卡路里的減肥筆記本、英（外）文學習筆記本、嘗試各類鏡頭／光圈／快門的攝影筆記本、料理／調酒／糕點等食譜筆記本……等等；歐式麵包組的世界冠軍吳寶春就有專門敦促自己的「比賽用筆記簿」。他為自己訂了短、中、長期的目標，並透過筆記本鞭策自己更加努力；他在首頁清楚寫著「唯一目標：世界麵包冠軍」，現在吳寶春終於靠著日積月累的努力品嚐到了成功的甜美果實。

第6章
行動篇—iOS

畫　說　Evernote　數　位　記　事　本

47 個人化的iOS環境

　　當iOS行動用戶安裝了Evernote App後，不只能夠透過網路同步讀取資料，還可以利用錄音、GPS定位、手機拍照即時上傳等功能，尤其iPhone還有Siri助理，很多雜事可以讓她代勞，例如說出：「幫我開啟Evernote。」畫面馬上就帶到Evernote的主畫面，這些細節是不是讓人開始感動了呢？

　　首先，我們可以先選定自己想要的背景顏色，只有iOS專業版用戶可以在「設定」→「自訂主畫面」處選擇自己喜愛的操作環境。目前有三種背景可選：經典（綠色調）、白天（淺色調）和夜間（暗色調），讓人一接觸Evernote就有種自我專屬感。

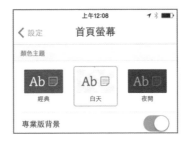

　　設定背景後，接著再從下方調整我們希望主畫面出現哪些項目。不需要的項目就按下讓它隱藏，希望放在主畫面的就按讓它顯示，而是否要顯示詳細資料就在下方再設定。按下表示不顯示詳細料，則是顯示詳細資料。

展開標籤一覽表會看到愈熱門的標籤顏色愈深，方便我們一眼就找到它。

> ○ iPhone用戶可在App Store 下載Evernote。
> 前進 ○ 開啟Siri，用講話就能開啟Evernot、寄信。
> ○ 讓Siri讀信讀網頁資料，超省時。

用手指頭按一按就能找到需要的資料

個人化的iOS環境

⚙ 設定：可自訂主畫面、設定離線記
事本、查詢專屬email、設定相機畫
質、錄音品質等。

↻：同步；🔍：搜尋記事。

建立文字、相機、圖片、
提醒事項及清單（備忘
錄）等各類型記事。

目前已同步的資料數，
按一下就能開啟記事。

按著區塊項目名稱可以向上、
下移動，更改出現的次序。

顯示標籤區塊的詳細資料

設定主畫面區塊

48 一支手機搞定開會大小事

參加一場研討會，我們不但要上台發表、也會在台下當聽眾；在聆聽時想要好好記錄重要資訊，會後和其他與會者一定會互動交流，大家也會在此時交換名片，當然有人會趁此機會私下提問，或是討論未來合作的可能性……要如何靠一支手機把這一切工作搞定呢？

首先，身為演說者，iPhone內的Evernote具有「簡報」的功能，我們只要將記事內容做成投影片尺寸，全部放在同一個記事本，就可以透過AirPlay在大螢幕上播放。例如會議室有Apple TV裝置就可以將資料串流到大螢幕，只要手機能播放的檔案，不論是影片、音訊都沒有問題。

至於身為聽眾，要把所有重要資料全部打包，首先建立一則文字記事，按下「麥克風」按鈕就可以開始錄音，按一下「完成」就結束一段錄音。這個動作可以不斷重複，也就是一篇記事可以包含多段錄音。看到重要的投影片也可以透過「照相機」按鈕拍下畫面，這樣不用手忙腳亂的抄寫，也不會錯失任何細節。

會後自由討論時間，大家會互相觀摩、交流，也會交換名片，要管理這些名片最好的方法就是利用Evernote「名片掃描」功能，將名片正反面拍攝下來，建立名片記事。優點之一是Evernote會掃描內容、辨識文字，讓我們容易搜尋，優點之二就是透過名片掃描，Evernote還會自動連結到LinkedIn，把對方公開的所有資料放進我們的這張名片記事中。

而開會總是會拿到一堆資料、型錄，大部分只須存檔備用即可，沒有必要佔用實體空間帶回辦公室，此時只要使用「頁面相機」（文件相機）拍照儲存，不但Evernote會幫忙美化版面，文字也一樣會被辨識，將來要搜尋更是方便。

前進
- 參加任何活動或課程都可透過Evernote隨時記錄。
- 錄音和拍照功能可同時進行，不產生任何衝突。
- 由手機上傳的照片也能進行文字辨識。

錄音同時也能打字和拍照

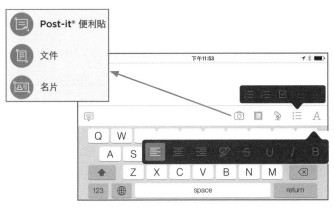

記事編輯畫面

📝：在這篇記事裡面尋找。

➕：建立一篇新記事。

新增附件：

按下麥克風🎤可以隨時開始下一段錄音，按下照相機📷即可選擇繼續拍照或新增已儲存的相片做為附件。

頁面相機與相機的差別在於：頁面相機適合拍攝文件，並且會自動修圖，讓主體突出、雜訊降低，並且修復陰影，便於Evernote加速擷取文字。

49 補充位置、標籤資料及設定共用

手機的特性之一就是具有移動性，透過GPS定位系統可以準確掌握使用者的地理位置，而這項地理資訊也可以整合在Evernote，成為幫助記憶的工具。

只要手機具有偵測位置的功能，不論是拍照、錄音或是撰寫新記事都會自動偵測地理位置並一併記錄在Evernote中；所有的資料都可以清清楚楚的知道在哪個國家、哪個地點發生，除了以經緯度座標系統標示外，若能辨別行政區或地址就會以文字表示。

要新增或修改地點，可在開啟記事後按下「還有更多」展開標籤和地圖。

- 按一下記事本名稱，可把這則記事改放到其他記事本。
- 按下 ⊕ 可以新增標籤，
- 點一下地圖就能進入地圖，而大頭針是目前記事標示的地點，按著大頭針幾秒鐘就可以移動大頭針的位置。不希望出現位置資料，就按下「移除大頭針」即可。

按一下 ○ ○ ○ 可以展開功能表，其中的「共用」包含以下方式：

- 訊息：將記事網址以簡訊寄送到對方手機。
- 郵件：輸入對方email。
- 列印：只要附近有具備AirPrint功能的印表機就能直接列印，不需要下載驅動程式。
- 複製連結：複製記事網址。
- 匯出記事：以.enex檔匯出。

- Google地圖被廣泛應用在各種程式當中。
- 縮放地圖就可以輕鬆移動大頭針位置。
- 都會區的地圖能仔細看到每棟建築物。

依據經緯度座標判定地點

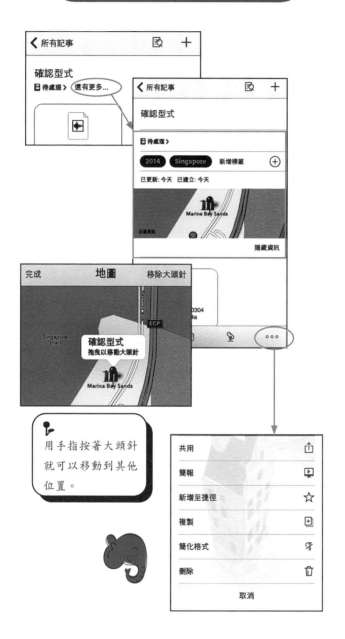

用手指按著大頭針就可以移動到其他位置。

50 就算離線也沒關係

Evernote不只在電腦上可以離線（offline）編輯和讀取，在iPhone一樣可以。當我們暫時處在沒有網路的環境中可以先編輯內容、儲存記事，等待能夠連線時再進行同步。至於資料的離線讀取呢？

1. 將資料夾設定為可離線讀取

點選首頁左上方的 ⚙，進入「專業版」後再點選「離線記事本」，此處有三種選擇：

(1) 不要下載記事。

(2) 下載全部記事。

(3) 下載所選的記事本。

下載記事到手機會佔用手機的儲存空間。如果我們要下載幾本記事本，就將開關由 ⚪ 撥到 🔵 的位置，手機就會自動下載選定的資料。

2. 開啟過的記事

Evernote會將在手機上開啟過的記事以快取（Cache）的形式儲存在手機的記憶體，下次不必再透過網路下載，節省傳輸量以及傳輸時間。假設我們不希望每次開啟過的記事都佔用手機儲存空間，可透過「清除快取」的功能定期幫手機「大掃除」。

3. 捷徑記事

當我們將一篇記事放在「捷徑」區，表示經常需要使用，因此Evernote會自動將這篇記事設定為可離線讀取。

以上所有的設定步驟到最後都別忘了進行一次「同步處理」，確定應該被下載的資料已經確實儲存在手機當中，手機離線時才能「有備無患」。

前進

- 離線閱讀功能僅限專業版用戶使用。
- 開啟過的記事會自動儲存在手機裡。
- 定期清除Evernote的cache可以幫助手機「瘦身」。

飛行中也可以開啟記事內容

若是開啟，連線後就
會自動下載記事本到
手機記憶體。

設定離線記事本

離線也能閱讀和編輯

111

51 寓教於樂的Evernote Peek

Evernote配合iPad 的火熱程度，推出了可以自建題庫的Evernote Peek軟體。這個軟體要搭配Smart Cover保護蓋，利用Smart Cover可以遮蓋部分螢幕的特性，開啟一節保護蓋時僅顯示題目，再打開一節或全開時就可以看到答案。

Evernote Peek是一個免費App，只要下載到iPad後，用Evernote Peek開啟任何筆記本都會呈現出題庫的外觀，也就是題目在下、解答在上的形式。有趣的是Evernote Peek還設計了**重考**（**retest**）的功能，如果我們看到答案跟我們回答的不同，只要勾選畫面上的「不正確」（Incorrect），這一題就會在稍後重新出現。

Smart Cover並非僅僅扮演「遮蓋答案」的角色，還充當開啟下一則問題的開關，也就是本題答案公開後，闔上再開啟即自動進入下一題。

如何建立題庫？

這就回到Evernote的原點—記事本。

其實一本「記事本」就是一套「題庫」，記事標題就是題目，而記事內容就是解答；答案不僅限於文字格式，還可以接受圖片，題目則僅限以文字描述。Evernote建議將題目限制在50字之內，而答案限制在250字之內。

學習外文的人可以將題庫設計成常見的英文單字卡，老師也可以設計好玩又好記的測驗教材，玩趣味競賽時也可以猜歌曲，也就是把音訊檔放在記事中即可。

在Evernote Peek App中也有許多現成的測驗可以玩，包括：壽司小測驗、學法語等。

由於題庫其實就是記事本，當然就可以分享給他人；換句話說，老師也可以製作趣味教材分享給學生下載使用。

前進

● Evernote Peek軟體要搭配Smart Cover。
● 一本記事本就是一套題庫。
● 與眾不同的是Evernote Peek具有重考的功能

解答的內容不限於文字

在Evernote中建立題庫

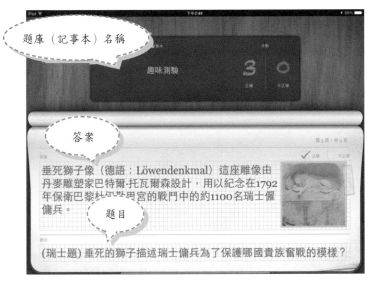

建立有趣的題庫與大家同樂

寓教於樂的Evernote Peek

52 利用Penultimate盡情塗鴉

現在手繪風當道，許多教人手寫手繪的書都可愛到叫人愛不釋手、躍躍欲試，尤其生活、旅途中有任何感動瞬間都很想要以自己的筆觸製造回憶……。現在不論想要開始練習，或是正式動手蒐集生活點滴，都不能錯過Penultimate這款App。

Penultimate是專為iPad設計的繪圖應用程式，我們可以在首頁按下左下方的「+」建立多本手繪本，用它來寫日記、寫遊記。Penultimate設計了多種紙張樣式，也有不同顏色、粗細的色筆，不論寫字、繪圖都很便利，如果畫面要精美一些，只要再搭配一支觸控筆就可以了。

旅途中不光是風景，任何一個小東西都是重要的回憶。沒錯，那就拍下來吧！一張車票、一枚郵票、一片落葉……只要拍下來就能貼在Penultimate記事中，還能調整大小再加上自己的畫筆和文字。

除了Penultimate之外，其實還有許多不錯的繪圖或手寫軟體可以支援Evernote，只是未必被列在百寶箱中，需要自己下載和嘗試看看。要知道手繪資料是否能迅速與Evernote結合，只要檢視軟體是否具有分享至Evernote或是Email的功能即可，能夠滿足上述任何一個條件，就能將繪製的物件上傳到Evernote形成記事：前者可直接與Evernote連結以形成記事，而Email則可利用Evernote個人專屬信箱，將手繪物件以email寄送到Evernote形成記事。

前進
- 找出具有分享功能的手繪、手寫軟體。
- 利用觸控筆可以掌握比較細膩的筆觸。
- 能夠重複編輯是選擇軟體的另一重點。

最適用的軟體就是好軟體

記事本外觀及展開的樣子

刪除　　紙張樣式　拍照／照片　分享　　搜尋

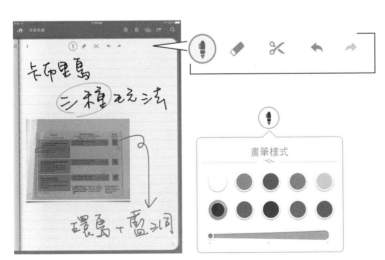

Penultimate可拍照、可手寫手繪

「達人」來自日積月累的工夫

　　每個人或多或少都會對某個主題感興趣，這個主題不一定要很嚴肅，也可以非常輕鬆。試想我們每天翻閱報章雜誌是不是都有比較吸引我們目光的內容呢？將它們蒐集起來就是一個深度收藏嘍。

　　仔細想想，我們常在書店發現類似「世界名畫中的貓」、「古今中外的飛碟記錄」等書，事實上這些資料都是對此感興趣的人慢慢蒐集而來的成果，並非一蹴可幾，但每個人都做得到。假設我們對階梯、廣場很感興趣，就可以將古今中外與階梯、廣場有關的詩、繪畫、歷史、諺語蒐集起來，或許還可以歸納出文化演變的軌跡。

　　除了具體的物件之外，我們也可以蒐集各種難解懸案、求婚怪招、省錢料理、申請名校的技巧等等，當資料開始慢慢累積後，只要透過一些整理邏輯，就可以集結成書，透過出版社或是出版平台出版個人著作呢！

　　對於深度資訊收藏者，以下是一些適合個人出版的知名的線上出版管道：

- Lulu.com：攝影集、食譜、詩集、音樂、電影皆可出版。
- PubIt：邦諾書店的出版服務，可在Nook、個人電腦和iPhone等裝置上閱讀。
- CreateSpace：Amazon提供的出版服務，可出版音樂、影片作品。
- Digital Text Platform：Amazon提供的電子書出版服務，可在Kindle、iOS系統、Android系統和Blackberry裝置，及Windows、Mac等電腦中閱讀。

第7章
讓它們跟Evernote一起工作！

畫　說　Evernote　數　位　記　事　本

53 先注意有哪些限制

雖然Evernote能夠儲存各種檔案，但是也要注意我們能不能讀取。例如我們可以上傳 *.exe應用程式，但是在手機上卻無法開啟及安裝；又譬如我們可以利用Google日曆發出邀請函至Evernote專屬信箱，但是手機卻無法開啟這種檔案類型（.ics及.calendar），因此要特別留意讀取的裝置是否能夠支援。

當然隨著Evernote不斷地改版和更新，App Store也推出許多手機軟體幫忙解決問題，因此我們可以留意版本差異和新功能通知，才能即時掌握最好的服務。

如果我們必須在行動裝置上使用某些特殊的檔案，最好事先開啟看看，把需要的App先儲存到裝置中，若當地無網路或需要國際漫遊，就先將資料下載為離線可讀的記事，不要等到出門卻發生無法讀取資料的窘狀，或是浪費許多上傳、下載的時間和費用。

舉例來說，Google圖書有許多免費的資源可以下載，常見的格式有ePub、PDF和純文字，ePub是電子書常見格式，所佔的儲存空間較小，且能隨著載具的尺寸調整長寬比例，但開啟ePub的軟體通常需要另行下載。PDF是常見的檔案，但PDF文件通常版面固定，且檔案較大、較佔空間；純文字所佔最小，但無美觀、排版可言。

此時，要下載哪種檔案？需要哪些軟體？硬體規格能否支援？都是可以考慮的要素。

了解這些限制之後，我們就能夠更自由的使用記事資料，將Evernote視為雲端備份的角色，它能在雲端伺服器上幫我們保管資料，讓我們隨時透過最適當的裝置（筆記型電腦、平板電腦、手機等）讀取。

● 較少見的檔案類型通常需要較特殊的軟體才能讀取。
● 無法開啟檔案？先到App Store找出解決方案。
● 利用Evernote備份資料需注意檔案大小。

了解工具的優點和限制才能物盡其用

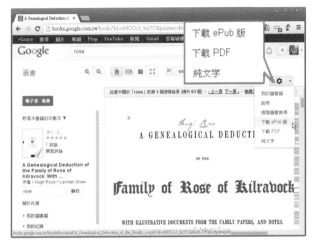

Google圖書提供多種格式讓使用者下載

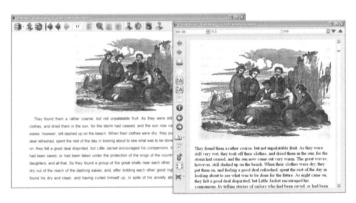

不同尺寸的螢幕讀取同一本ePub電子書

ePub是開放式電子書標準，以XHTML和CSS語法撰寫內容及版面，就好比一般網頁可以自動調整圖文配置（reflowable），依據閱讀器畫面大小重新編排版面（re-sizable），即使在不同的裝置上閱讀，也能呈現不錯的閱讀效果。

先注意有哪些限制

54 無干擾閱讀Evernote Clearly

第23節介紹了擷取網頁的好幫手Web Clipper瀏覽器擴充套件，現在這個Evernote Clearly不但能處理網頁文字，還能閱讀文字，也就是讓它「唸」給你聽（第55節介紹）。

目前Evernote Clearly可以安裝在 Chrome、Firefox和Opera上，安裝完成後可以在瀏覽器上看到 檯燈圖示。打開任一網頁再按下 後，原本的網頁就會變得十分簡潔，同時右方也出現一排黑色的工具按鈕：

←	回到原始網頁。
	擷取網頁資料，擷取完成後會多出一個勾勾 。Evernote會自動為記事指派標籤。
	螢光筆。
Aa	調整字型、文字大小和背景顏色。
	列印。
	文字轉語音，按一下就能讓Evernote唸給你聽。可選擇女聲或男聲，也可以調整速度（僅Chrome、Opera提供）。
▶	分析文字，進行語音處理。
‖	播放。當語音閱讀中，讀到的當下會以反白顯示該單字。暫停。
▶▶	跳到下一句。
◀◀	回到上一句。

變的簡潔的網頁可以用螢光筆工具對網頁文字做顯眼標示，當我們擷取網頁時，記號會一併匯入記事本。

前進
● 螢光筆可以幫忙畫重點！
● 調整喜愛的字型、大小、背景圖案再匯入Evernote。
● Evernote Clearly會自動分派相關標籤。

還我乾淨清爽的網頁

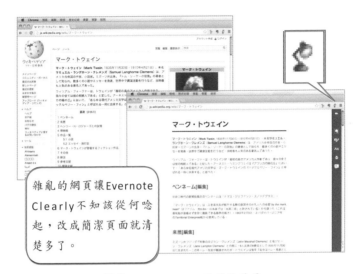

雜亂的網頁讓Evernote Clearly不知該從何唸起，改成簡潔頁面就清楚多了。

開啟Evernote Clearly前後的差異

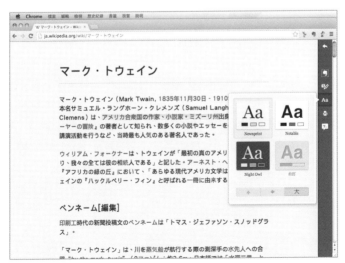

可換背景顏色、字型，也可用螢光筆畫重點

55 懶得看？用聽的！

　　時間就是金錢，尤其是資訊爆炸的年代更恨不得自己能跟電腦一樣多工處理，因此讓我們把眼睛的工作分一些給耳朵負責吧！換句話說，當文字轉成語音時，我就能一邊聽取email一邊處理其他工作。當然，萬一有打字錯誤等問題也能順便用「聽」的檢查一下。

　　首先，利用前一節提到的Evernote Clearly文字轉語音功能就能輕易辦到。然而，它能說幾國語言呢？目前是21種，包括：英語、日語、西班牙語、法語、德語、漢語、中文、阿拉伯語、捷克語、丹麥語、芬蘭語、希臘語、匈牙利語、義大利語、挪威語、波蘭語、葡萄牙語、俄語、瑞典語和土耳其語。

　　除此之外，我們還可以設定閱讀速度、女聲或男聲。只要在工具列的 🐤 處按滑鼠右鍵，點選下拉選單的「選項」，就可進行設定。

　　雖然Evernote可以辨識圖片和PDF檔中的文字（見〈37圖片裡的文字也可以辨識〉），但是Evernoe Clearly的朗讀功能並不支援，也就是無法將圖片或PDF檔中的文字唸出來。

　　可惜的是Evernote Clearly只支援Chrome和 Opera的朗讀服務，所幸Mac本身就有朗讀功能，所以也可以讓文字變成有聲資料。要讓Mac說話，只要在「編輯」工具列上選擇「演說」再按下「開始說話」即可，如果要停止，只要按下「停止說話」就會自動停止。不想聆聽全文，只想聆聽某一段資料時，僅需用滑鼠將資料圈選起來再按下「開始說話」就可以了。

　　目前Mac能夠朗讀的資料僅限英文，其他資料尚無法朗讀，即使內容是法文或德文，朗讀工具也會以英文發音來詮釋；至於中、日、韓文資料則僅選擇數字和英文單字發音。

前進

- Evernote Clearly須在網路連線的狀態下使用。
- Mac桌機版能夠朗讀文字。
- Evernote Clearly能辨識21國文字及發音。

朗讀的音質、速度和發音效果都不錯

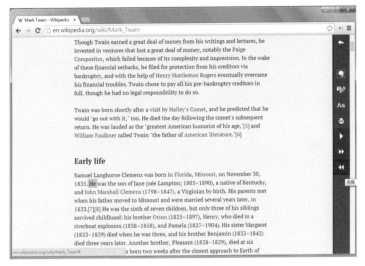

Evernote Clearly讀到的字會反白顯示

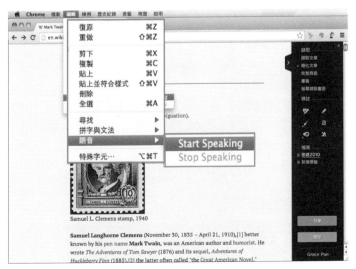

利用Mac為我們唸出全部或部分的內容

56 絕對好用！Skitch圖像處理

　　Skitch是Evernote所推出的免費軟體，它讓使用者透過：1.匯入現有影像、2.擷取電腦螢幕及3.開啟空白畫布建立影像的方式，搭配框線、文字等工具對影像進行編輯，然後儲存到Evernote中。

　　開啟Skitch後可以看到整個畫面如同簡潔的圖片編輯軟體，但它完全支援Evernote的搜尋、同步等功能。要建立新檔案可以透過工具列的「Skitch」→「新增」就可載入新圖像，或按下畫面中央的 ⊞ 螢幕速拍 ，透過選單選擇圖像。

⊞	螢幕速拍：擷取部分螢幕畫面。
▢	全螢幕：擷取電腦全螢幕畫面。
▰	開啟檔案：選擇電腦內的影像檔。
▯	空白：開啟空白畫布。
◻	剪貼簿：在網頁的圖片上按滑鼠右鍵並在選單上按下「複製影像」，就可以匯入Skitch處理。

　　編輯圖片的工具包括箭頭、文字、矩形、圓角矩形、橢圓形、直線、戳記圖章、反白、像素化（馬賽克）和裁切尺寸。

　　處理完畢的圖像可以直接：

　　1. 儲存到Evernote當作一則記事。

　　2. 另存影像作為影像檔。

　　3. 用滑鼠按著畫面下方的「拖曳我」，拖曳到想要存檔的位置，例如桌面、文件夾，檔案會以圖檔被儲存著，將來也很便於在他處利用。

　　這些圖像也能輕易的透過Facebook、Twitter、LinkedIn和複製這則記事的URL再轉貼、轉寄出去。

前進

● Skitch是免費軟體，任何人都能使用。
● Skitch能為大部分的影像檔進行加工、編輯。
● 不需仰賴其他抓圖程式，一個動作就搞定。

圖片比文字更容易讓人了解和記憶！

輕鬆擷取網頁畫面加工畫重點！

儲存至 Evernote

絕對好用！Skitch 圖像處理

螢幕速拍可以擷取部分螢幕畫面進行編輯。

利用編輯工具對擷取的網頁畫面進行加工。

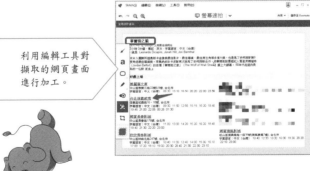

125

57 利用Word比較和合併記事

本書第12節和第20節介紹的記事合併方法是堆砌式的合併,也就是資料完全不變動,直接將多篇記事堆砌在一起,然而這個方法卻不適用於需要詳細檢視細部差異後再合併的情況,因此,我們要借用Word的功能進行合併。

假設我們撰寫了一份論文稿件,並送給多位專家批閱,當批閱完成後,我們必須一一檢視每位專家的意見,然後對照原稿逐一修改,因此較適合利用Microsoft Office Word的「比較」與「結合/合併」功能。

首先,開啟兩篇稿件,例如原稿與專家批閱後的稿件,或是開啟兩篇不同專家批閱後的稿件,然後在其中一篇的Word工具列上,開啟「校閱」標籤並選擇「結合/合併」,如此就會出現一份新的Word文件。文件上面會有紅色的註記,標明相對於原始文件(原稿),新文件有哪些變動。如果我們接受這些變動,只要在變動處按下滑鼠右鍵並選擇接受變更,如果不接受就選擇拒絕即可。

若我們決定完全聽從專家意見,也可以直接由工具列中選擇「**接受文件中的所有變更**」,反之則選擇「**拒絕文件中的所有變更**」即可;完成後只要將修改後的新文件存檔就合併完成了。

如果有兩份以上的文件需要合併,就先合併其中兩份,產生新文件後再與第三份合併,依此類推。

- Evernote的合併記事是採用堆疊的方式合併。
- Word的文件合併可以讓我們先進行細部檢視。
- 可自行設定文件比較的項目。

前進

Word的文書編輯功能

將電子報匯集成電子雜誌

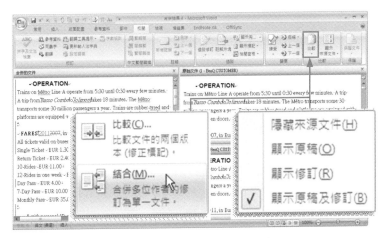

利用Word比較及合併兩份文件

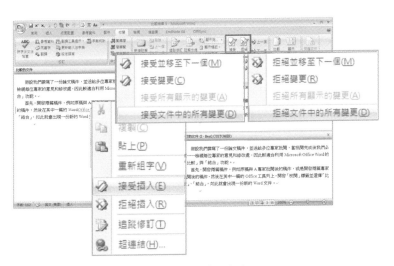

接受或拒絕修訂部分

58 將電子報匯集成電子雜誌

記得書店非常熱賣的出版品叫做「不花錢」系列嗎？不花錢學攝影、不花錢學日文、不花錢讀名校……，其實仔細瞧瞧我們身邊，很多機構都提供各種免費資訊，有時是傳單、小冊子，而電子化的時代，網站更能以多媒體影音內容來吸引更多讀者。

而訂閱電子報正是掌握資訊的方法之一，我們常常會固定追蹤某些重要產業、風雲人物的新聞，也會針對個人興趣訂閱球隊、藝術、料理等電子報，這是輕輕鬆鬆、以逸待勞的資料蒐集好方法，只要利用第24節介紹的Evernote個人專屬email信箱，就能將電子報變成一篇一篇的記事。

將電子報依據領域放在不同的記事本，就相當於一本一本的電子雜誌／電子書，我們永遠有取之不盡的新資訊。假設我們希望將聯合電子報的「讀紐時學英文」獨立出來，就可以在搜尋框中填入「讀紐時學英文」等條件把這些記事集合起來，移入指定記事本，這個記事本就變成了主題十分明確的英語學習雜誌。不要以為免費的資源不起眼，事實上網路上還能看到麻省理工學院（MIT）、東大、台大等全球許多知名大學的開放課程（OpenCourseWare），只要在電腦前面就能下載講義、觀看教學實況錄影。

而且電子報的內容不單只有文字，通常還有影片、音訊，比起一般雜誌更為生動。但是，電子報通常僅提供連結，並不會傳送影片檔到個人信箱；優點是不佔用個人儲存空間，缺點是一定要在連線的情況下才能點閱。

前進

- 電子報種類繁多，而且多為免費性質。
- 以逸待勞蒐集來自各方的最新資料。
- Evernote可以容納各種檔案類型，自由度更高。

電子報蒐集到一定程度就像一本電子書

💻 資訊科技

☐ udm資訊科技電子報　☐ udn 3C消費資訊報　☐ udn 手機充電報　☐ 電玩優報

☐ 數位之牆電子報　☐ 旗標電腦知識報　☐ NOVA情報誌　☐ 遊戲密技吱吱叫

☐ 數位出版電子報　☐ BMW e-News　☐ SOGI手機快報　☐ FIND科技報

☐ 哈燒王 Hot3C 熱門快報　☐ DCView數位視野　☐ Volkswagen電子報　☐ Mr.6．網路趨勢報

☐ 電腦人PCuSER 網路e週報　☐ Skoda e-Paper

🔤 英語學習

☐ 學生郵報電子報　☐ TOEIC Power 多益單字報　☐ 眾文生活英文報　☐ 寂天英語學習充電報

☐ Discover Taipei英文雙月刊電子報　☐ Live互動英語報　☐ biz互動英語報　☐ 常春藤解析英語電子報

☐ 常春藤生活英語電子報　☐ 世界公民電子報　☐ 空中英語教室電子報　☐ 讀紐時學英文 NEW

あ 日語進修

☐ e日本語進階電子報　☐ EZ Japan流行日語會話誌　☐ 跟我學日語—基礎報　☐ 跟我學日語—中級報

☐ 跟我學日語—高級報　☐ 寂天日語學習充電報　☐ Discover Taipei日文雙月刊電子報　☐ 階梯日文電子報

☐ 最前線JAPANESE電子報　☐ e研快樂日語初級報

一個分類可視作一本免費電子雜誌（節錄）

報名：讀紐時學英文 NEW

格式：圖文/線上閱讀版

發報頻率：每周五

內容提供：聯合新聞網

單元簡介：

【讀紐時學英文】電子報收錄每週「紐約時報精選周報」的精選文章，每週五發報，中英文逐段對照，讓你輕鬆閱讀國際新聞還能學英文。

想告別爛英文嗎？想讀懂英文新聞嗎？歡迎訂閱【讀紐時學英文】！

電子報累積久了也是一本主題電子書

資料來源：聯合電子報 http://paper.udn.com/

59 未來資訊一把抓─RSS

　　RSS（Really Simple Syndication）是一種資訊訂閱服務，當我們在網站上看到 🔊 或是 RSS 、 XML 圖示就表示這個網站的資料可以訂閱。透過RSS訂閱資料，我們無須提供電子信箱，而是透過RSS閱讀器負責接收RSS新聞，優點在於：1.不用三不五時上網站查看是否有更新內容；2.不必被不斷寄來的電子報打擾；3.保有隱私和自主權，想瀏覽時再打開閱讀器即可。

　　假設我們想要追蹤某個有趣的部落格，只要按下 🔊 訂閱，將來一旦有新文章出現，就會自動將全文或網址寄送到我們的RSS Reader（閱讀器）。

　　而Microsoft Outlook本身也是一個RSS閱讀器，所有我們訂閱的資料都會自動發送到Outlook，如同信件一般，因此我們再也不必追蹤某個部落格到底有沒有新文章，只要開啓Outlook就可以一目了然。

　　想要將RSS與Evernote連結，只要在Outlook中設定郵件轉寄功能即可。我們知道每位Evernote用戶都有一個專屬信箱，任何寄送到這個信箱的郵件都會自動形成一篇記事，因此在Outlook**設定自動轉寄**，我們就再也不必隨時上網檢查是否有新文章可以追蹤。

　　要在Outlook設定郵件自動轉寄的步驟如下：

　　1. 在信件標題上按下滑鼠右鍵，進入「建立規則」；

　　2. 勾選寄件者名稱，再按下「進階選項」；

　　3. 確認寄件者名稱無誤，按「下一步」；

　　4. 在上方選單中選取 ☑ **轉寄給 個人或通訊群組清單**；

　　5. 在下方選單中點選 **轉寄給 個人或通訊群組清單**，並在收件者處填入我們個人的Evernote專屬email信箱就可以了。

　　● RSS是幫助我們掌握未來資訊的工具。
　　● Outlook是電子郵件軟體，也是RSS閱讀器的一種。
　　● 許多學術資料庫如ScienceDirect也提供RSS服務。

設定郵件轉寄功能就能以逸待勞

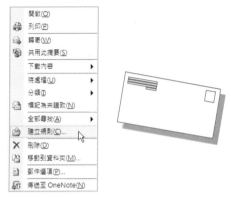

當我收到符合所有選取條件的電子郵件時

☑ 寄件者 AccurateEnglish(F)
☐ 主旨包含(S)　　"fifty" or "fifteen"? Pronunciation of numbers in American Eng
☐ 傳送至(E)　　只有我

執行下列
☐ 顯示在 [新項目通知] 視窗中(A)
☐ 播放選取的音效(P):　Windows XP 通知.we ▶ ■ 瀏覽(W)...
☐ 移動項目至資料夾(M):　刪除的郵件　　選取資料夾(L)...

確定　　取消　　進階選項(D)

規則精靈

您處理郵件的方式是?
步驟 1: 選取動作(C)
☐ 移動到 特定 資料夾
☐ 指定為 類別
☐ 刪除
☐ 永遠刪除
☐ 移動複本到 已指定 資料夾
☑ 轉寄給 個人或通訊群組清單
☐ 以附件方式轉寄至 個人或通訊群組清單
☐ 使用 特定的範本 回覆
☐ 列印
☐ 播放 音效
☐ 啟動 應用程式
☐ 執行 指令碼
☐ 停止處理其他規則
步驟 2: 編輯規則描述 (在加上底線的值上按一下)(D)
套用此規則 郵件送達後
寄件者 Google 快訊
轉寄給 個人或通訊群組清單

取消　　< 上一步(B)　下一步(N) >　完成

Outlook設定自動轉寄規則

131

60 If This Then That—IFTTT

　　IFTTT的原文是「IF This Then That」，也就是：如果發生了第一個動作（This），就會觸發（trigger）第二個動作（That），例如：如果上傳影片到Dropbox，IFTTT就自動分享到YouTube；如果RSS資訊源發出最新消息，IFTTT就自動傳送到Evernote。

　　IFTTT提供的服務「必須」兩兩配對，我們先在眾多的網路服務中選定第一動作（假設是RSS Feed），選定之後再選擇第二動作（That）就完成了。IFTTT的所有步驟都十分簡潔，毫無其他雜亂設計，只要Step 1、2…依序點選，不用幾分鐘就大功告成。

　　首先，登入IFTTT網站，第一步是從數十種網路產品中找出第一個this。

不要懷疑，設定畫面就是這樣簡單。

　　按下this後挑選一個網路服務，此處我們選擇Feed 📶。

數十種網路服務任意組合。

前進

○ IFTTT稱搭配好的組合為一套菜單（Recipe）。
○ 透過任務的連鎖反應能幫助我們節省時間。
○ Evernote能經由IFTTT接收來自各方的新資料。

設定完成的菜單也可分享給他人

填入RSS資訊源的訂閱網址：

按下Create Trigger，設定第二個動作（that）。

同樣在數十個網路服務中選擇一個，此處我們選擇Evernote，並選擇當收到RSS資料時就建立一則新記事。

Create a note
This Action will create a new note in the
notebook you specify.

Notebook

IFTTT Feed 　　產生的新記事會放在IFTTT Feed的記事本內

Create Action　　確定之後按下這個按鈕確定生效。

一切都設定完成，就等著在Evernote 的 IFTTT Feed記事本中接收RSS
最新消息即可。

61 利用Google快訊蒐集新知

當我們想找資料，理所當然會想到Google搜尋，如果我們希望持續關注某個領域，例如：所有與「半導體」、「台積電」、「市佔率」有關的消息，其實我們不需要每天辛苦的重複到Google輸入一樣的檢索詞，只要前往Google Alert的欄位中輸入一次「半導體」、「台積電」、「市佔率」，將來只要有相符的資料就會直接寄送到指定的電子信箱。換句話說：**搜尋現有的資料就靠Google Search，搜尋未來的資料就靠Google Alert**。

首先，前往Google帳戶頁，輸入要接收快訊的郵件地址，回到Google Alert（Google快訊），填入檢索詞就完成了。將來只要Google找到我們需要的資料就會直接寄送到電子信箱內。至於Evernote的用戶當然就指定個人專屬郵件信箱，如此一來，Google為我們持續尋找新資料，而資料寄送到Evernote後就會自動成為新記事。

一個Google帳戶可以建立1,000個快訊，同時還可以利用Google的搜尋語法限定搜尋的條件，例如使用減號（－）表示某個詞不要出現，例如「半導體 台積電 －市佔率」找的就是包含「半導體」、「台積電」但不能出現「市佔率」這一詞。

Google快訊不但可以尋找一般網頁，還可以限定只搜尋新聞、網誌、影片等來源的資料。而資料寄送的頻率也分為隨找隨寄的「即時」寄送，或是每天一次及每週一次。當然，資料愈是熱門、愈大眾化，收到的數目就愈多，相對的也會列入每月Evernote上傳量的計算。

要利用Evernote個人email訂閱Google快訊，記得先將Evernote個人專屬email加入Google帳戶中。

前進

○ Google快訊可以幫助我們自動搜尋資料。
○ 利用搜尋語法可以讓搜尋結果更精準。
○ Evernote個人專屬email也能接收Google快訊。

一個Google帳戶可以建立1000組快訊

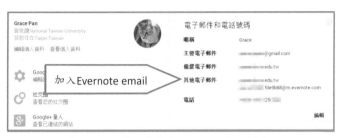

將Evernote電子郵件加入Google個人帳戶

設定Google快訊的條件及電子郵件

Google快訊自動送入Evernote記事本

62 用Google地圖查經緯度

　　相較於關鍵字搜尋、標籤搜尋等方法，登錄位置的優點在於提供另一個資料搜尋的管道，讓我們可以依據記事建立的地點找出需要的資料。

　　在手機上設定地點，只要用手指在地圖上滑動，但在電腦上設定地點就要靠Google地圖的幫助。

　　假設我們有一張拍攝於羅馬聖天使堡附近的照片需要標示地點，首先開啓Google地圖，利用關鍵字「聖天使堡」就會自動導入地圖，要更精確一點，我們還可以縮放地圖比例尺。尤其Google地圖在許多國家都已經推出了街景（street view）服務，這表示定位的精確度已經到了門牌號碼的程度。當位置確定後，按下滑鼠右鍵，由選單中挑選「這是哪裡？」搜尋框就會自動出現這個地點的經緯度。

　　另一個方法是開啓「Google地圖研究室」的功能，滑鼠所在之處就會出現經緯度，而且數值隨著滑鼠移動而改變。

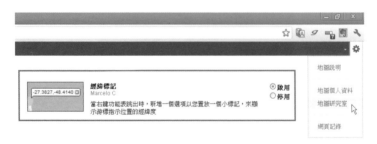

　　回到Evernote的記事編輯器，按下資訊按鈕 i ，再將這組數據貼上就完成了。

前進
- 輸入經緯度即可，海拔高度則可填可不填。
- 可自行決定要輸入到小數點第幾位。
- Google地圖有許多實用功能。

利用Google地圖就能查詢經緯座標

利用Google地圖找到記事的位置

地點可以自由更改或清除

63 搭配其他雲端儲存空間

一個雲端服務要滿足所有人是困難的，因為某人眼中的優點在另一人眼裡可能剛好是缺點；要選用適合的雲端儲存空間，可先試用免費空間，好用、順手之後再考慮升級也不遲。選擇要素之一除了容量大之外，為了避免走冤枉路，其實還有幾個重點幫助我們判斷這個產品是否適合。

安全性：由於我們可能會備份重要和隱私資料，內容是否能受到保護，不被駭客或內部人員竊取是很重要的。選擇知名、有口碑的雲端空間，也比較能確保服務不會突然被終止。

特惠活動：最常見的活動是邀請朋友申請帳號就贈送儲存空間，有些雲端硬碟會贈送免費空間給從手機App登入的用戶，有些則是上傳1GB、贈送1GB，讓人習慣使用他們的服務。

特殊身分：許多大學提供免費空間給校內教職員生，例如台大的NTU Space；台灣大哥大用戶可以免費使用Evernote專業版一年。

檔案類型限制：有些只接受一般文件、有些可以接受壓縮檔、執行檔，例如YouTube就只接受影音檔。

單檔限制：許多雲端服務規定了上傳和下載的檔案不能超過一定大小，如果我們是存取一般文件、相片當然沒有問題，但如果我們要儲存的是影片、遊戲，最好選擇無大小限制的服務。

流量限制：除了單檔大小限制之外，有些服務還規定每日上傳／下載的流量限制，如果我們上傳影片是為了分享給不特定人，可能一下子就被通知「明天請早」了。

自動刪檔：很多雲端硬碟雖然給予很大的空間且流量不限，但有90天就自動刪除舊檔的規定，這是為了清理舊空間、讓出新空間之故，如果我們的目的是長時間備份、不是短時間分享，這類服務就不適合。

前進

- 不妨同時共用幾個不同特色的儲存空間互相支援。
- 挑對時機、裝置申請雲端服務常有額外儲存空間。
- 先釐清檔案量和使用量，再選擇合適的雲端服務。

知名的免費雲端儲存空間

	容　量	說　明
360云盤（奇虎）	36TB	單檔限制：10GB
4shard	15GB	單檔限制：2GB
ASUS Storage（華碩）	5GB	單檔限制：500MB 與ibon雲端列印合作 可還原雲端資料到新電腦
AT&T Lock	5GB	無單檔大小限制
BOX	10-50GB	單檔限制：250MB
Copy	15GB	無單檔大小限制
Cubby	5-25GB	無單檔大小限制
Dropbox	2GB	單檔限制：300MB（瀏覽器） 無單檔大小限制（桌機軟體）
Google Drive (Google)	15GB	單檔限制：10GB 見本書63、65節
iCloud (Apple)	5GB	單檔限制：25MB
Mediafire	10-50GB	單檔限制：500MB
MEGA（原MEGA upload）	50GB	無流量限制 無單檔大小限制
OneDrive/Sky Drive (Windows)	7GB	單檔限制：2GB（視瀏覽器而異）
百度雲網盤	2TB	單檔限制：4GB 一次可上傳5000個檔案
騰訊微雲	10TB	單檔限制：4GB

64 Google雲端硬碟（一）

說到雲端記事本，當然也不能不提Google雲端硬碟（Google Drive），尤其許多人的生活幾乎離不開Google，那麼了解Google在記事本領域有哪些服務也是必要的。

Google雲端硬碟是一個免費的儲存空間，只要申請Gmail的用戶都能享用，而且前15GB完全免費，相當於Evernote免費用戶256個月（21年）的儲存空間。這個雲端硬碟可任意存放檔案、建立文件、簡報、試算表、表單和繪圖，其中有許多功能與Evernote重疊，但也有特有優勢，Everonte用戶可以選用或併用。

雖說是「雲端」工具，它的功能並不陽春，就以建立一般文件來說，它的工具列不但有字型、段落、插入註解等完整功能，還能選擇不同的輸入法，包含**中文手寫輸入**，這對身在國外或使用公共電腦等情況十分便利。

Google文件的檔案格式與Microsoft Office文件、Work的文件不同，若我們手邊有一份Word文件

1. 僅想透過雲端硬碟瀏覽、列印，那麼只要上傳（ 📤 ）到雲端硬碟即可。
2. 希望能夠編輯，那就在開啓Word文件後，利用「檔案」→「開啓方式」→「Google文件」將檔案轉換成Google文件格式。

轉換後的Word文件並不會消失，而會與新文件並存。至於試算表、簡報等亦然。

我的雲端硬碟		
□　　標題		擁有者
□　☆　📄 01-05.docx		我
□　☆　**W** 01-05.docx		我

📄 是Google文件格式
W 是Word文件格式
不只是一般文件，要上傳圖片、影片、音訊檔也都沒問題。

前進
○一個帳戶有15GB大容量免費儲存空間。
○雲端硬碟的容量與Gmail、Google+相片共同計算。
○輸入法當中還包含手寫中文輸入的選項。

說到數位記事本當然Google也不缺席

上傳檔案到雲端硬碟
（保持原檔案格式）

在Google雲端硬碟
建立新文件

要設定中文輸入功能，可在「檔案（File）」選單中點選「語言（Language）」，然後選擇繁體中文即可。

建立Google文件的編輯畫面

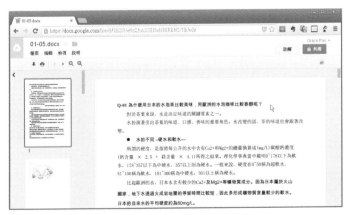

純瀏覽Word文件但不編輯

65 Google雲端硬碟（二）

要上傳檔案到Google雲端硬碟，除了利用 按鈕之外，還可以用拖曳的方式上傳。就算是資料夾也能直接拖曳，並且保持資料夾和子資料夾的結構。

至於手機版的Google雲端硬碟同樣可以上傳檔案和建立新文件之外，還多了一個掃描的功能，也就是當相機拍攝某份文件，這份文件會自動變成PDF檔案上傳到雲端硬碟中。

一個帳戶有15GB免費儲存空間，但Google格式的文件、試算表和簡報檔不計入儲存空間，上傳於Google+的小於 2048 x 2048 像素的相片和低於 15 分鐘的影片也不計，為了節省空間，別忘了善用這些福利。

Google格式
文件：上限是10MB。
試算表：上限是20MB。
簡報檔：上限是50MB。
圖檔：目前無限制。
非Google格式
單一檔案上限為10GB。

至於下載檔案也有2GB的限制，如果一次下載多個檔案則會自動壓縮成 .zip檔。

說到這裡，我們應該明白一件事：既然用email寄送附件常受10MB、20MB的限制而無法寄出，何不習慣用「分享」、「共用」代替「email」呢？

除了利用瀏覽器管理資料，Google雲端硬碟也提供電腦版讓用戶下載到桌機，如此一來，即使離線也可以使用。

前進
- 垃圾桶內的檔案也會計入儲存空間。
- Google雲端硬碟常有優惠送儲存空間的方案。
- 申請Google Gmail可一併享受多種雲端服務。

Google雲端硬碟的前身是Google文件

寄送email常受檔案大小限制，何不直接與對方分享？

共用設定

瀏覽權限選項：

○ 🌐 **公開在網路上**
　　所有網際網路使用者皆可尋找和存取，且無需登入。

◉ 👥 **知道連結的使用者**
　　擁有連結的使用者皆可存取，且無需登入。

○ 👥 **特定人員**
　　僅限獲得明確授權的使用者可以存取。

存取權： 任何人 (無需登入)　可以檢視 ▾

儲存空間	月費
25 GB	$2.49 美元
100 GB	$4.99 美元
200 GB	$9.99 美元
400 GB	$19.99 美元
1 TB	$49.99 美元
2 TB	$99.99 美元
4 TB	$199.99 美元
8 TB	$399.99 美元
16 TB	$799.99 美元

Google雲端硬碟可接受檔案上限10GB，資料的儲存備份也更自由。

目前（2014/04）的資費方案

HTC Android 裝置專屬 Google 雲端硬碟優惠

哪些 HTC Android 裝置能獲得額外的 Google 雲端硬碟儲存空間？

- HTC One max (+50GB，為期兩年)
- 升級為 HTC Sense 5+ 的使用者，可在 2013 年的部分 HTC 型號上使用優惠，包括 HTC One (+25GB，為期兩年)

隨時注意優惠方案替自己爭取更大空間

66 Copy圖內文字

　　朋友去韓國旅遊，送我們一盒讚不絕口的料理包當禮物，而我們根本看不懂韓文烹調說明，連想要在電腦輸入韓文尋求翻譯都有困難，此時該怎麼辦？這時靠Google雲端硬碟就對了！

　　Google雲端硬碟不但本身能夠建立文件，而且還有光學文字辨識（OCR）的功能，辨識後就能把文字抓出來變成純文字，所以我們可以任意複製到他處（例如Google翻譯）使用。

　　要開啟文字辨識功能，首先我們可以在個人設定處點選「上傳設定」然後勾選以下選項：

　　「將已上傳的檔案轉換成Google文件格式」：開啟空白文件，並將圖片貼在空白頁上。

　　「從已上傳的PDF和圖片檔案轉換文字」：開啟空白文件，並且把圖片中的文字抓出來變成文件上的純文字。

　　「每次上傳前都要確認設定」：每次上傳或拖曳檔案到Google雲端硬碟，都會出現對話框詢問圖片的語言。

　　雲端硬碟接受的圖片類型為：.jpeg、.png、.gif、.tiff、.bmp，對於PDF檔的文字則只對前10頁文字進行分析；轉成純文字的資料可以輕鬆再利用。

　　Google格式的文件也能輕鬆下載成為Microsoft Office格式的文件，不論要在雲端或桌機軟體端編輯都不是問題。

前進
　　● 無法擷取數學方程式。
　　● 常見字型Arial 和 Times New Roman較容易被辨識。
　　● 圖片和PDF檔限制在2MB以內。

解析度高、橫向文字、拉丁字元較容易被辨識成功

上傳設定

請設定您上傳檔案的偏好設定。我們將會套用這些設定至任何您上傳到「Google 文件」的檔案。

☑ 將文件、簡報、試算表以及繪圖轉換為符合「Google 文件」的格式

☑ 將 PDF 檔案或圖片檔案中的文字轉換為 Google 文件

文件語言： 法文 ▼

☑ 每次上傳前都要確認設定

開始上傳　取消

辨識的文字包括：中文繁體、中文簡體、丹麥文、日文、加泰羅尼亞文、北印度文、立陶宛文、匈牙利文、印尼文、西班牙文、克羅埃西亞文、西伯來文、希臘文、拉脫維亞文、法文、波蘭文、芬蘭文、俄文、保加利亞文、英文、挪威文、柴羅基文、泰文、烏克蘭文、捷克文、荷蘭文、斯洛伐克文、斯洛維尼亞文、菲律賓文、越南文、塞爾維亞文、瑞典文、義大利文、葡萄牙文、德文、韓文、羅馬尼亞文。

純文字可自由複製到其他地方使用

67 雲端列印—走到哪印到哪

網路時代，很多票券都可以網路訂購、自己列印，並且可隨印隨用，省去排隊的時間。要知道羅馬競技場、烏菲茲美術館這種熱門場館可能要花上3個小時排隊，不想浪費時間，事先網路購票才是好主意；另外，超便宜好康常常要自己動手搶，舉例來說：歐洲火車票愈早買價格愈便宜，但郵寄實體票券不但要付國際郵資，又怕耗時、遺失。現在，選擇自行列印並將檔案存在雲端，就算不小心遺失還能把它們再「印回來」。

雲端印表機

現在愈來愈多印表機有每台專屬的email，任何傳送到這個email的文件就會被列印出來，例如Brother、EPSON、HP、Kodak。要將Evernote的記事印出，可以利用「分享」將記事以附件的形式透過email寄出。

雲端列印App

許多雲端列印App也可透過無線網路傳送列印指令，例如：星光列印、雲列印、Cloud Print、EasyPrint等，這類App專門幫助行動用戶將資料印出而不必煩惱印表機型號、驅動程式這類瑣事。

便利超商的雲端列印

在台灣，全家和7-11也能幫我們印出文件。只要把檔案上傳到超商的「雲端列印」網站，或是將資料email到ibon@ibon.com.tw，上傳成功後會收到一組取件號碼，之後在便利商店輸入這組號碼就可印出文件。全家便利商店也可看到相片沖印機，可現場輸入圖檔並現印現取。

圖片：Lawson官網

● 日本的Lawson和7-11也有netprint的服務。
● 不用下載驅動程式就能列印。
● HP印表機可設定黑名單，拒印不受歡迎的來源。

前進

許多票種只要消費者自己列印即可

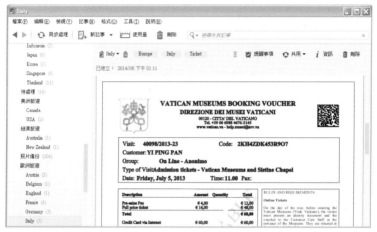

梵諦岡博物館電子票券（PDF檔）放在雲端就不怕遺失

日本高速巴士的車票可自行訂購和列印

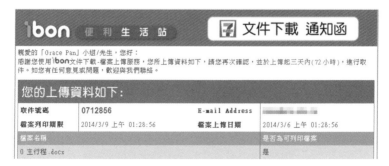

將帶著附件的email寄送到超商雲端列印網站

68 我想開發Evernote工具

　　通常開發新工具的契機發生於我們察覺Evernote或其他相關軟體的功能有所不足時，舉例來說，當我們用Skype視訊通話時，希望能直接擷取雙方對話和影像，並轉為Evernote記事，但事實上沒有這項工具時，就可以試著開發這類應用軟體。

　　像這種結合Evernote與第三方軟體的需求經常就在無意間被發現，如果能讓需求得到滿足，開發者通常也能從中獲得實質的利益。

　　覺得Evernote百寶箱裡的工具不夠看，我有更酷的點子？那麼加入Evernote的開發人員也不錯。Evernote提供了各種API（應用程式介面）幫助開發者整合Evernote及以外的外部服務，包括網路版的Evernote、行動版的Evernote，以及桌機版的Evernote。開發者只要通過簡單的註冊取得API key並且下載API SDK（軟體開發套件）就可以進行開發。

　　在Evernote論壇（Evernote User Forum）中有Evernote for Developers的討論區，開發者在這邊很容易可以找到解決問題的方法，或是與其他開發者互相交流。

（註）API：開發軟體須用程式語言撰寫各種功能，某些功能常被使用，於是開發平台會先寫好，讓撰寫者直接套用而無須重複撰寫。如Google Maps JavaScript API可將Google地圖直接嵌入網站和程式中，撰寫者再將其他功能疊加上去。

前進
　　○ Evernote的API稱為EDAM。
　　○ EDAM=Evernote Data Access and Management
　　○ 開發App或應用程式是受歡迎的創業形式。

将創意落實為軟體是極具商業價值的活動

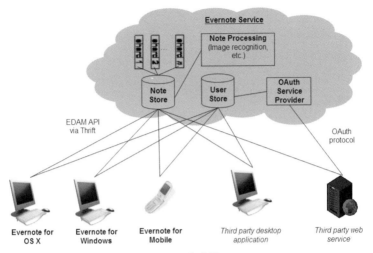

EDAM示意圖

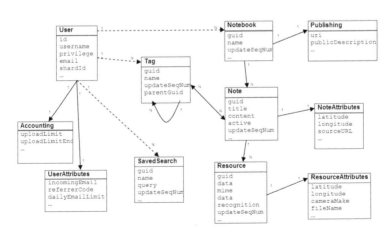

EDAM Data Model

資料來源:http://www.evernote.com/about/developer/api/evernote-api.

htm

69 創意轉為獲利—專利和商標

　　Evernote是個幫助我們隨手抓住靈感的工具，因為即使沒有艱澀的學理，一般人仍能夠透過新型、新式樣申請專利。舉例來說，過去的吸管都是一根空心管，為了方便吸取，於是有人將一小段吸管壓成波浪狀即可彎曲吸管，改變水流方向，也有人將吸管設計成可伸縮長度。這些創作都可以申請專利保護，當然如果有商業價值就能獲得廠商的青睞。

　　1. 專利

　　當我們想到專利兩個字，常會聯想到許多艱深的研發工作、一長串的實驗室數據和國際大廠間的專利大戰，實際上每個人都有申請專利的權利，而且不需要高深的學理，申請專利也是許多國家非常鼓勵的行為。專利可分為三大類：

　　發明：指利用自然法則之技術思想的創作。

　　新型：指利用自然法則之技術思想，對物品之形狀、構造或裝置之創作。

　　新式樣：指對物品之形狀、花紋、色彩或其結合，透過視覺訴求之創作。

　　2. 商標

　　「商標，指任何具有識別性之標識，得以文字、圖形、記號、顏色、立體形狀、動態、全像圖、聲音等，或其聯合式所組成。」申請人註冊後就擁有商標權，其他人不得使用相同或是近似的圖樣。如同出色的網域名稱會有人搶購一樣，好的商標也能夠對外出售。

　　由此可知，只要我們在生活中發現任何「不方便」、「如果能……就好了」的地方，都可以順手記錄下來，許多小小的感觸後來都能得到非常大的回響和報酬。

前進

　● 3M公司有許多日用產品都是針對生活需求所研發。
　● 把握一閃而過的需求，發展成可獲利的商機。
　● 商標是可供辨識的圖案，他人不可仿冒。

将现有产品稍作改良也可以申请专利唷！

专利和商标是企业重要的资产

专利申请趋势图

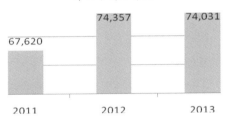

商标申请注册件数（以案件计）趋势图

资料来源：经济部智慧财产局，智慧局公布2013年受理专利商标申请概况

商标是用来表彰商品的图样，例如运动品牌的Nike是一个勾状，表示胜利女神的翅膀；现在我们只要一看到图案，即使没有看到NIKE字样，也知道是哪个品牌，其他任何运动用品都不能使用类似这个图案的商标，以免造成混淆，因此商标权是受到法律保护的权利。

人際關係眉角多

　　每個人都有很多機會拿到各種名片，有美味餐廳的名片、業務往來的名片、參加業餘活動交換的名片。對很多人來說，名片是「將來可能會用到」，但是非常難以管理的資料。現在只要透過Evernote就可以非常方便的進行「輸入」、「辨識」和「搜尋」。

　　要將名片資料輸入Evernote，最方便的方法就是透過掃描或拍照。如果目前手邊有成堆的名片，那麼掃描器可以一次處理數張名片。智慧手機更是好幫手，只要每次拿到名片之後拍照上傳，這些資料就會被Evernote自動辨識。

　　除了名片上的資料外，我們還可以適當的補充各種資訊，例如照片、對方曾經待過的公司、畢業的學校、生日、收藏嗜好、興趣、喜愛的活動、支持的球隊，甚至描述對方的個性為幽默、喜歡講冷笑話、很注重健康養生等，這些資料能夠幫助我們快速回憶。要使對方感到我們確實比別人更注重他，就應該掌握名片以外的各種互動記錄，這樣的「人際關係管理」比「名片管理」更有實質意義。

　　此外，有時某些人之間有瑜亮情結，也有某些人不適合同時出席某場合的狀況，如果事前能夠在個人資料上多寫一筆，就能夠避免這樣的尷尬場面，這些都是存在於名片以外的資訊。

　　輔助資訊可以利用標籤或直接在內文加以說明，需要留意的是，使用內文說明時需盡量統一用語，以便日後搜尋。

　　現在，透過Evernote搜尋名片簡直易如反掌，再也不必騰出空間堆放來自四面八方的名片，只要拿出手機稍微看一下就能將對方一手掌握。

附錄：Evernote的搜尋語法

語法	說　明
intitle:	intitle：機票 尋找標題中含有「機票」二字的記事。
notebook:	notebook:France 尋找「France」記事本內的所有記事。
any:	any:cat fish 尋找包含cat或fish的記事（符合任何一項即可）。
tag:	tag:travel 尋找具有「travel」標籤的記事。 tag:* 尋找具有標籤的記事。
-tag	-tag:travel 尋找不具有「travel」標籤的記事。 -tag:* 尋找不具有任何標籤的記事。
created:	created:day-10 尋找10天內建立的記事。 created:week-1 尋找一個星期內建立的記事。 created:20111219 尋找2011年12月19日建立的記事。
updated:	updated:day-10 尋找10天之內更新過的記事。 語法與created相同。
resource:	resource:image/jpeg 尋找所有包含jpeg格式的圖檔的記事。 resource:audio/wav 尋找所有包含wav格式的音訊檔的記事。 resource:image/* 或 resource:audio/* 尋找包含圖檔或音訊檔的記事，不論檔案格式。
latitude:	latitude:25 尋找所有所在位置高於緯度25度的記事。 - latitude:26 尋找所有所在位置低於緯度25度的記事。 latitude:25 - latitude:26 尋找所在位置介於緯度25度到26度之間的記事。
longitude:	與latitude語法相同。
altitude:	海拔：與latitude語法相同。 （高度介於-36000.0到36000.0之間。）

語法	說　明
source:	source:mobile.* 尋找所有由行動電話建立的記事。
todo:	todo:true 尋找待辦事項已經部分完成甚至全部完成的記事。亦即尋找核取方塊部分或全部打勾的記事。
	todo:false 尋找待辦事項部分未完甚至全部都尚未完成的記事。亦即尋找核取方塊部分或全部都空白的記事。
	todo：* 尋找所有待辦事項，不論完成與否。
encryption	encryption： 尋找包含加密資料的記事。

以上語法可以搭配使用，只要搜尋條件與條件之間空一格即可。

索引

AirPlay   106

Conflicting Changes   70, 71

ePub   118, 119

Evernote Clearly   120, 122, 120, 121, 122, 123

Evernote Peek   112

Evernote Web Clipper   6, 52

Google   2, 6, 69, 88, 94, 96, 97, 100, 108, 118, 134, 135, 136, 68, 136, 68, 119, 134, 135, 136, 137, 139, 140, 141, 142, 143, 144, 148

GPS   89, 94, 104, 108

IFTTT   132, 133

LinkedIn   64, 106, 124

Penultimate   114, 115

RSS   130, 132, 133

Skitch   24, 88, 100, 101, 124

手寫記事   20, 26, 28, 21, 29, 34, 44, 64, 80

加密   5, 12, 62, 63, 82, 154

同步   5, 12, 14, 36, 50, 62, 66, 70, 71, 84, 89, 98, 104, 105, 110, 124

相機記事   22, 23, 40, 89

頁面相機   91, 106, 107

核取方塊   16, 30, 39, 58, 59, 90, 154

堆疊   10, 14, 15, 30, 36, 37, 45, 50, 66, 126

雲端列印   68, 139, 146, 147

搜尋語法   58, 59, 72, 73, 74, 75, 76, 77, 134, 153

電子報   128, 129, 130, 128, 129

語音記事   22, 40, 89

螢幕擷取   24, 25, 40, 52

辨識   4, 5, 10, 48, 80, 81, 82, 83, 91, 96, 97, 106, 122, 144, 145, 150, 152

儲存的搜尋   50, 74, 75, 76, 77, 78, 79

總目錄   44, 46

簡報   28, 42, 46, 56, 106, 140, 142

題庫   46, 112, 113

五南文化

RE18
數字人：斐波那契的兔子
The Man of Numbers:
Fibonacci's Arithmetic
Revolution

齊斯・德福林 著
洪萬生 譯

斐波那契是誰？他是如何發現大自然界的秘密──黃金分割比例，導致股票投資到美容整型都要追求黃金比例？他又是怎麼將阿拉伯數字帶入我們的金融貿易？當你打開本書，你會發現，你不知道斐波那契是誰，可是你卻早已身陷其中並離不開他了！

RE03
溫柔數學史：從古埃及到超級電腦
Math through the Ages: A
Gentle History for
Teachers and Others

比爾・柏林霍夫、佛南度・辜雄亞 著
洪萬生、英家銘暨HPM團隊 譯

數學從何而來？誰想出那些代數符號的？π背後的故事是什麼？負數呢？公制單位呢？二次方程式呢？三角函數呢？本書有25篇獨立精采的素描，用輕鬆易讀的文章，向教師、學生與任何對數學概念發展有興趣的人們回答這些問題。

RE09
爺爺的證明題：上帝存在嗎？
A Certain Ambiguity：A
Mathematical Novel

高瑞夫、哈托許 著
洪萬生、洪贊天、林倉億譯

小小的計算機開啟了我的數學之門
爺爺猝逝讓數學變成塵封的回憶
一門數學課竟外發現了爺爺不能說的秘密
也改變了我的人生………

本書透過故事探討人類知識的範圍極限，書中的數學思想觀識迷人，內容極具動人及啟發性。

RE06
雙面好萊塢：科學科幻大不同

薛尼・波寇維茲 著
李明芝 譯

事實將從幻想中被釋放……
科幻電影是如何表達出我們對於科技何去何從的最深層希望與恐懼……
科學家到底是怪咖，英雄還是惡魔？

RE05
離家億萬里：太空中的生與死

克里斯遵斯 著
駱香潔、黃慧真 譯

一段不可思議的真實冒險之旅，發生在最危險的邊界──外太空

三名太空人，在歷經種種困難後飛上太空，展開十四週的國際太空站維修工作。卻因一場突如其來的意外，導致他們成為了無家可歸的太空孤兒，究竟他們何時才能返家呢？

RE08
時間的故事
Bones, Rocks, & Stars：The
Science of When Things
Happened

克里斯・特尼 著
王惟芬 譯

什麼是杜林屍衣？何時建造出金字塔的？人類家族的分支在哪裡？為何恐龍會消失殆盡？地球的形貌如何塑造出來？克里斯，特尼認為這些問題的關鍵都在時間。他饒富地表示我們對過去的定位或對於放眼現在與規劃未來都至關重要。

RE11
廁所之書
The Big Necessity: The
Unmentionable World of
Human Waste and Why It
Matters

蘿絲・喬治 著
柯乃瑜 譯

本書將大膽闖進「廁所」這個被人忽略的禁區。作者帶領我們參觀了巴黎、倫敦和紐約等都市的地下排污管道，也到了印度、非洲和中國等發展中國家見識其廁所發展，更深入探究日本近世馬桶的開發歷程，讓您跟著我們進行一趟深度廁所之旅。

RE12
跟大象說話的人：大象與我的非洲原野生活
The Elephant Whisperer -
My Life with the Herd in the
African Wild

勞倫斯・安東尼、格雷厄姆・史皮斯 著
黃乙玉 譯

本書是安東尼與巨大又有同理心的大象相處時，溫暖、感人、興奮、有趣或有時悲觀的經驗。以非洲原野為背景，刻畫出令人難忘的人物與野生動物，交織成一本令人喜悅的作品，吸引所有喜歡動物與熱愛冒險的靈魂。

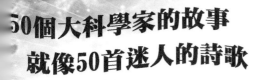

教科書裡的瘋狂實驗

漫畫科學

物理、生物、地球科學、化學

全書彩色印製 | 每冊300元

教科書跟你想的不一樣

瘋狂實驗配合連環漫畫，
顛覆你的想像！

以漫畫呈現與課堂教材相呼應的科學實驗，激發對科學的好奇心、培養豐富的想像力，本書將引領孩子化身小小實驗家，窺探科學的無限可能。生活處處為科學，瘋狂實驗到底有多好玩？趕快一同前往「教學實驗室」吧！

從科學原理出發，詼諧漫畫手法勾勒出看似瘋狂卻有原理可循的科學實驗，這是一套適合師生課堂腦力激盪、親子共同動手做的有趣科普叢書，邀您一同體驗科學世界的驚奇與奧秘！

書泉出版社
SHU-CHUAN PUBLISHING HOUSE

地址：台北市和平東路二段339號四樓
電話：02-2705-5066　傳真：02-2706-6100

畫說Evernote數位記事本：管理生活大小事／潘奕萍著－－二版．－－臺北市：書泉，2014.07

　面；　公分

ISBN 978-986-121-923-3（平裝）

1.雲端運算　2.電腦軟體

312.136　　　　　　　　　　　　　　　　103007833

ILLUSTRATED SCIENCE & TECHNOLOGY ②

畫說科學系列②

畫說Evernote數位記事本：管理生活大小事

作　　者— 潘奕萍

漫　　畫— 霸子

發 行 人— 楊榮川

總 編 輯— 王翠華

編　　輯— 王者香

圖文編輯— 蔣晨晨

封面設計— 郭佳慈

出 版 者— 書泉出版社

地　　址：106台北市大安區和平東路二段339號4樓

電　　話：(02)2705-5066　傳　　真：(02)2706-6100

網　　址：http://www.wunan.com.tw

電子郵件：shuchuan@shuchuan.com.tw

劃撥帳號：01303853

戶　　名：書泉出版社

總 經 銷：朝日文化

進退貨地址：新北市中和區橋安街15巷1號7樓

TEL：(02)2249-7714　　FAX：(02)2249-871

法律顧問　林勝安律師事務所　林勝安律師

出版日期　2011年12月初版一刷

　　　　　2014年 7 月二版一刷